高等学校计算机专业教材精选·图形图像与多媒体技术

Flash制作案例教程

朱坤华　胡金艳　主　编

冯小燕　安金梁　李　娜　副主编

张　倩　王彦慈　朱国超　赵高丽　编　著

清华大学出版社

北京

内容简介

本书采用案例引导教学的方法，将 Flash CS4 基础知识的学习和 Flash CS4 创作的指导融入案例中，让读者通过案例的学习，熟练掌握 Flash CS4 工具的使用，并创作出优秀的 Flash 作品。

全书共 8 章，内容涵盖 Flash 动画概述、基本图形绘制、文字特效、基本动画、特效动画、遮罩动画、引导动画、声音视频等知识点。除第 1 章外，其余每章都分为基础案例和实战演习两部分。读者通过由浅入深、循序渐进的 46 个基础案例来熟悉和掌握基本平面动画的制作过程和制作技巧，通过 23 个实战演习，希望读者能举一反三，学以致用，进行自我检验和自我挑战，进一步巩固前面所学的知识。

本书内容丰富，结构清晰，语言简练，图文并茂，具有很强的实用性和可操作性。本书可作为高等学校计算机应用技术专业、多媒体专业及其他相关专业学习平面动画制作课程的教材，也可作为各类 Flash 平面动画制作培训班及广大 Flash 爱好者的学习参考书。

图书在版编目（CIP）数据

Flash 制作案例教程/朱坤华，胡金艳主编．—北京：清华大学出版社，2012.3
（高等学校计算机专业教材精选·图形图像与多媒体技术）
ISBN 978-7-302-27650-0

Ⅰ．①F…　Ⅱ．①朱…②胡…　Ⅲ．①动画制作软件，Flash—高等学校—教材　Ⅳ．①TP391.41

中国版本图书馆 CIP 数据核字(2011)第 273832 号

责任编辑：汪汉友
封面设计：傅瑞学
责任校对：焦丽丽
责任印制：张雪娇

出版发行：清华大学出版社
网　　址：http://www.tup.com.cn，http://www.wqbook.com
地　　址：北京清华大学学研大厦 A 座　**邮　　编：**100084
社 总 机：010-62770175　**邮　　购：**010-62786544
投稿与读者服务：010-62776969，c-service@tup.tsinghua.edu.cn
质量反馈：010-62772015，zhiliang@tup.tsinghua.edu.cn
课件下载：http://www.tup.com.cn，010-62795954
印 刷 者：北京鑫丰华彩印有限公司
装 订 者：三河市李旗庄少明印装厂
经　　销：全国新华书店
开　　本：185mm×260mm　**印　　张：**10.75　**字　　数：**257 千字
版　　次：2012 年 3 月第 1 版　**印　　次：**2012 年 3 月第 1 次印刷
印　　数：1～4000
定　　价：39.00 元

产品编号：042620-01

出 版 说 明

我国高等学校计算机教育近年来迅猛发展，应用所学计算机知识解决实际问题，已经成为当代大学生的必备能力。

时代的进步与社会的发展对高等学校计算机教育的质量提出了更高、更新的要求。现在，很多高等学校都在积极探索符合自身特点的教学模式，涌现出一大批非常优秀的精品课程。

为了适应社会的需求，满足计算机教育的发展需要，清华大学出版社在进行了大量调查研究的基础上，组织编写了《高等学校计算机专业教材精选》。本套教材从全国各高校的优秀计算机教材中精挑细选了一批很有代表性且特色鲜明的计算机精品教材，把作者们对各自所授计算机课程的独特理解和先进经验推荐给全国师生。

本系列教材特点如下。

(1) 编写目的明确。本套教材主要面向广大高校的计算机专业学生，使学生通过本套教材，学习计算机科学与技术方面的基本理论和基本知识，接受应用计算机解决实际问题的基本训练。

(2) 注重编写理念。本套教材作者群为各高校相应课程的主讲教师，有一定经验积累，且编写思路清晰，有独特的教学思路和指导思想，其教学经验具有推广价值。本套教材中不乏各类精品课配套教材，并力图努力把不同学校的教学特点反映到每本教材中。

(3) 理论知识与实践相结合。本套教材贯彻从实践中来到实践中去的原则，书中的许多必须掌握的理论都将结合实例来讲，同时注重培养学生分析问题、解决问题的能力，满足社会用人要求。

(4) 易教易用，合理适当。本套教材编写时注意结合教学实际的课时数，把握教材的篇幅。同时，对一些知识点按教育部教学指导委员会的最新精神进行合理取舍与难易控制。

(5) 注重教材的立体化配套。大多数教材都将配套教师用课件、习题及其解答，学生上机实验指导、教学网站等辅助教学资源，方便教学。

随着本套教材陆续出版，相信能够得到广大读者的认可和支持，为我国计算机教材建设及计算机教学水平的提高，为计算机教育事业的发展做出应有的贡献。

清华大学出版社

前　言

Flash可以创建交互式网站、丰富媒体广告、指导性媒体、演示和游戏等。Flash动画具有画面精美、便于传输播放、制作相对简单、多媒体表现力丰富、交互空间广阔等一系列优势，借助网络风行天下。学习Flash是一件快乐的事情，因为自己所有天马行空的想法都可以在这里实现。可以在Flash中绘制自己的梦，并让它们跳动起来，所以越来越多的人开始喜欢、学习Flash软件，制作Flash动画，成为时尚“闪客”。Flash CS4在界面设计、绘图工具、媒体支持、兼容性等方面都有了较大的改进和增强，使Flash动画的制作更方便、更专业。

本书的目的在于，利用案例驱动教学，通过一个个详细的案例制作过程，帮助读者熟悉Flash软件，理解Flash概念，掌握Flash交互设计技能。以“必需”和“够用”为度，强调理论与实践相结合。本书充分照顾到多数读者既没有美术基础，也没有编程功底的情况，本着能够在完全没有Flash背景知识的前提下也能做出动画来的目标，以实践促理论，以理论促实践为学习主线，强调动手能力，重在掌握基本技法。书中所采用的案例均是作者精心制作和挑选的项目实例，既符合学生学习的难度，也满足企业对此软件的技术要求。这种案例教学方式解决了课堂教学中理论与实践脱节的问题，能够提高学生的动手能力和解决实际问题的能力。根据初学者的定位和内容的难易程度，灵活地安排了“知识链接”板块，积极引导学生自学和操作时需要注意的问题。所有实战演习都与前面所讲内容配套，遵循从易到难、由浅入深的学习规律，是学习Flash的必做练习。通过实战演习帮助读者进行知识点的自我检验和自我挑战。

本书提供了所有动画实例的原文件，以及相应素材，确保读者在学习过程中与本书完全同步。可以从清华大学出版社网站(http://www.tup.com.cn)本书相应页面下载使用。

朱坤华对全书进行了统稿，另外，张倩、王彦慈、朱国超、李艳翠、赵高丽等也参与了本书的编写工作。在本书编写过程中，我们力求精益求精，但难免存在一些错误和不足之处，恳请广大读者对书中不当之处批评指正。联系方式：zwkh@hist.edu.cn。

编　者

2011年11月

目　　录

第1章 Flash动画概述

1.1 Flash动画基础知识

Flash是目前最为流行的二维动画制作软件之一，它是矢量图编辑和动画创作的专业软件，将矢量图、位图、音频、动画有机、灵活地结合在一起，创建美观、新奇、交互性强的动画。

Flash不仅用于制作动画、游戏等，还广泛用于制作动态效果网页，网上已经有成千上万个Flash站点。Flash是一种比较简单易学的大众化制作软件，有一定计算机基础的人都能轻松掌握。由于Flash记录的只是关键帧和控制动作，因此所生成的编辑文件和播放文件都非常小巧。

1.1.1 Flash动画的特点

(1) Flash可以用于矢量绘图。有别于普通位图图像的是，矢量图像无论放大多少倍都不会失真，因此Flash动画的灵活性较强，其情节和画面也往往更加夸张起伏，能在最短的时间内传达出最深的感受。

(2) Flash动画具有交互性。设计者在动画中加入滚动条、复选框、下拉菜单等各种交互组件，使观看者可以通过单击、选择等操作决定动画运行过程和结果，这一优点是传统动画所无法比拟的。

(3) Flash动画拥有强大的网络传播能力。由于Flash动画文件较小且是矢量图，因此它的网络传输速度优于其他动画文件，并且其采用的流式播放技术，更可以使用户以边观看边下载的模式欣赏动画，从而大大缩短了下载等待时间。

(4) Flash动画呈现崭新的视觉效果。Flash动画比传统的动画更加简易和灵巧，已经逐渐成为一种新兴的艺术表现形式。

(5) Flash动画制作成本低、效率高。使用Flash制作动画在减少了大量人力和物力资源消耗的同时，也极大地缩短了制作时间。

(6) Flash动画制作完成后可以把生成的文件设置成带保护的格式，这样就维护了设计者的版权利益。

1.1.2 Flash动画的应用领域

Flash动画可以在浏览器中观看，随着Internet的不断推广，逐渐被延伸到了多个领域。并且由于它可以在独立的播放器中播放的特性，越来越多的多媒体光盘也都使用Flash制作。

Flash动画凭借生成文件小、动画画质清晰、播放速度流畅等特点，在诸多领域中都得到了广泛应用，它主要用于以下几个方面。

1. 制作多媒体动画

Flash 动画的流行来源于网络，其诙谐幽默的演绎风格吸引了大量的网络观众。另外，Flash 动画比传统的 GIF 动画文件要小很多，一个几分钟长度的 Flash 动画片也只有 1～2MB 大小，在网络带宽局限的条件下，它更适合于网络传输，如图 1-1 所示。

图 1-1　Flash 动画

2. 制作游戏

Flash 动画有别于传统动画的重要特征之一就在于它的互动性，观众可以在一定程度上参与或控制 Flash 动画的进行，这得益于 Flash 较强的 ActionScript 动态脚本编程语言。随着 ActionScript 编程语言的发展，其性能更强、灵活性更大、执行速度也越来越快，这使得我们可以利用 Flash 制作出各种有趣的 Flash 游戏，如图 1-2 所示。

图 1-2　Flash 游戏

3. 制作教学课件

为了摆脱传统的文字式枯燥教学模式，远程网络教育对多媒体课件的要求非常高。一个基础的课件需要将教学内容播放成为动态影像，或者播放教师的讲解录音。而复杂的课件在互动性方面有着更高的要求，它需要学生通过课件融入到教学内容中，就像亲身经历一样。利用 Flash 制作的教学课件，能够很好地满足这些需要，如图 1-3 所示。

4. Flash 电子贺卡

在特殊的日子里，为亲朋好友制作一张 Flash 贺卡将自己的祝福和情感融入其中，一定能够让对方喜出望外，如图 1-4 所示。

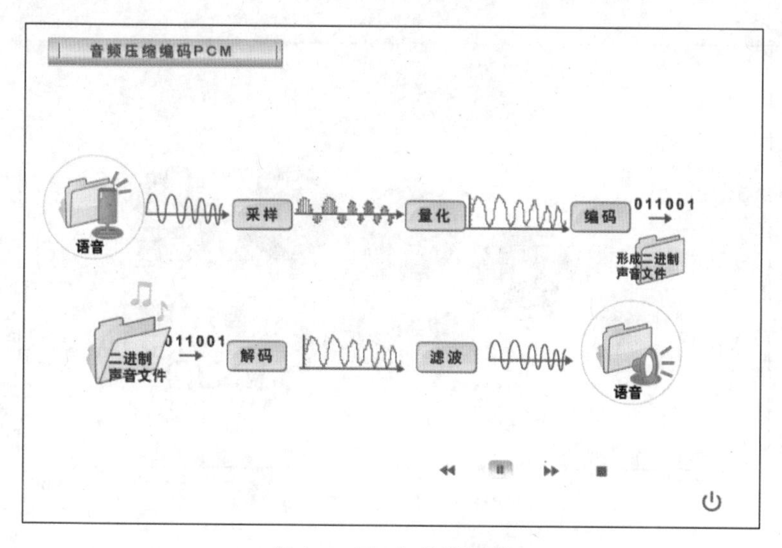

图 1-3　Flash 教学课件

图 1-4　Flash 电子贺卡

5. 制作网站动态元素

广告是大多数网站的收入来源，任意打开一个浏览量较大的网站都可以发现站内嵌套着很多定位或不定位广告。网站中的广告不仅要求具有较强的视觉冲击力，而且为了不影响网站正常运作，广告占用的空间应越小越好，Flash 动画正好可以满足这些条件，如图 1-5 所示。

1.1.3　Flash 基本术语

为了更好地阅读和理解后续内容，下面简单介绍一些 Flash 中的基本术语。

（1）帧。动画中的每一幅画面称做“帧”，这个概念源自于传统动画制作。在 Flash 中根据功能特点，帧又被分为关键帧、空白帧和过渡帧等类型。

（2）时间轴。这也是源自于传统动画中的概念。时间轴是用来排列、摆放和组织帧的，所有的帧都按照顺序安排在时间轴上，在时间轴上可以对帧进行一系列调整、编辑等操作。

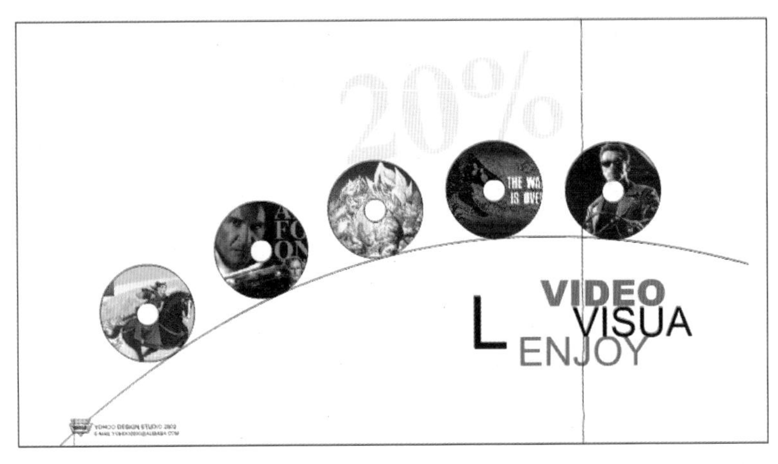

图 1-5　Flash 动态网站

(3) 补间动画。补间动画是在两个关键帧之间由 Flash 自动生成的动画。

(4) 元件。元件是 Flash 中重要的组成部分。如果把一个动画比喻成一个钟表，元件就像是让钟表能够转动的各式各样的齿轮零件，相同的齿轮只需要使用 Flash 软件设计出一个，然后对它进行重复使用，就可以得到多个相同形态及功能的齿轮零件了。而修改元件的时候，则统一复制的元件对象都会改变，善于使用元件，会大大提高 Flash 动画制作的效率。

(5) 库。库是用来放置 Flash 元件和素材的地方，其中可以按文件夹和场景进行归类。所有动画中使用的元件都会被放置到库中。

(6) 绘制对象与对象绘制。绘制对象是使用绘图工具绘制出图形，而对象绘制是绘制出来的图形直接转化为一个对象，并且分出层次。

(7) 图层。图层是 Flash 的重要组成部分，它担负着不同组件、不同层次、不同路径中的元素之间的调配任务。

(8) 遮罩层。遮罩是对 Flash 中图层的一个特殊应用。可以用来控制画面中哪些部分可以被看见，哪些部分不应该被看见。

(9) 引导层。引导层与遮罩层一样是一种特殊的图层，在 CS4 版本之前是一个用于控制动画移动轨迹很好的方法。在 CS4 版本中虽然被新的动画方式整合代替了，但在 CS4 中也可以被使用。

(10) 动作脚本。动作脚本是 Flash 中最强大、最神秘的部分。动作脚本属于一种应用编程，可以控制动画的播放和互动。

(11) 场景。顾名思义，就是最终动画表演的场所。

(12) 动画片段。将一个物体的运动定义为一个独立的片段，可在任何场景中调用该片段。

(13) 分离。用于取消群组，或将位图和文字拆散，这样就能够对它们进行细节编辑。

(14) 矢量图。根据几何特性来绘制图形，矢量可以是一个点或一条线，矢量图只能靠软件生成，文件占用内存空间较小，因为这种类型的图像文件包含独立的分离图像，可以自由无限制的重新组合。它的特点是放大后图像不会失真，如图 1-6 所示。文件占用空间较小，适用于图形设计、文字设计和一些标志设计、版式设计等。

(15) 位图图像(bitmap)。位图图像又称为点阵图像或绘制图像，是由称做像素的单个点组成的。这些点可以进行不同的排列和染色以构成图样。当放大位图时，可以看见构成整个图像的无数单个方块，如图 1-7 所示。扩大位图尺寸的效果是增大单个像素，从而使线条和形状显得参差不齐。然而，如果从稍远的位置观看它，位图图像的颜色和形状又显得是连续的。

图 1-6　矢量图放大对比效果　　　　图 1-7　位图放大对比效果

1.2　Flash CS4 工作界面

使用 Flash CS4 制作动画，首先要熟悉 Flash CS4 的工作界面，Flash CS4 的工作界面主要包括菜单栏、“工具”面板、垂直放置的面板组、“时间轴”面板、设计区等界面要素，如图 1-8 所示。

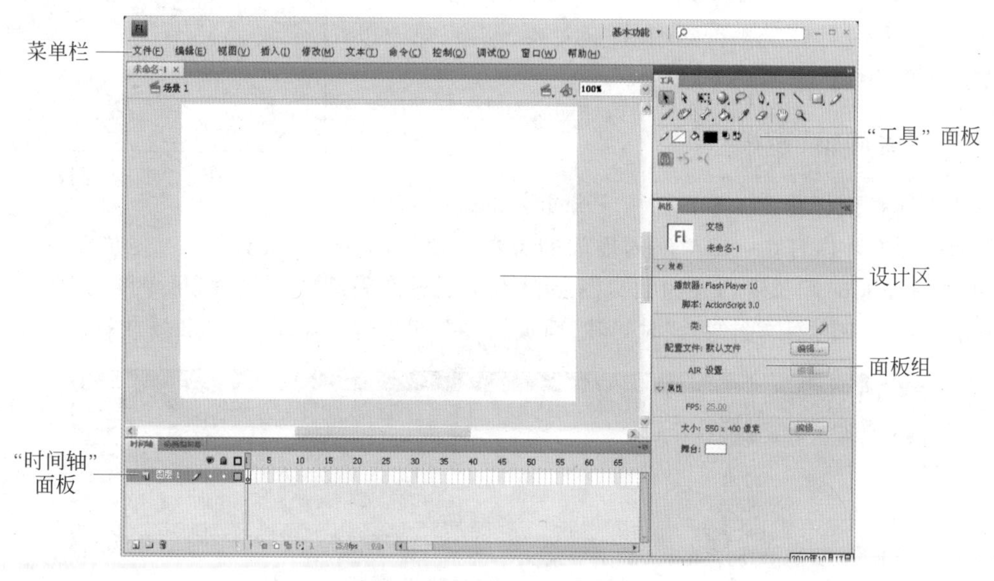

图 1-8　Flash CS4 工作界面

1.2.1　菜单栏

菜单栏包括“文件”、“编辑”、“视图”、“插入”、“修改”、“文本”、“菜单”、“控制”、“调试”、

"窗口"和"帮助"菜单,如图 1-9 所示。

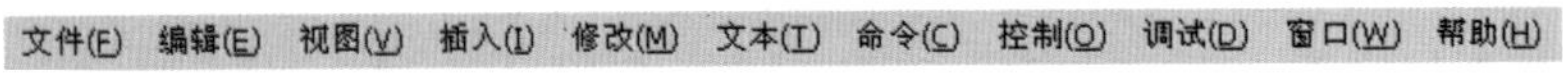

文件(F) 编辑(E) 视图(V) 插入(I) 修改(M) 文本(T) 命令(C) 控制(O) 调试(D) 窗口(W) 帮助(H)

图 1-9 菜单栏

菜单栏中各个菜单的主要作用分别如下。

(1) "文件"菜单:用于文件操作,例如创建、打开和保存文件等。

(2) "编辑"菜单:用于动画内容的编辑操作,例如复制、粘贴等。

(3) "视图"菜单:用于对开发环境进行外观和版式设置,例如放大、缩小视图等。

(4) "插入"菜单:用于插入性质的操作,例如新建元件、插入场景等。

(5) "修改"菜单:用于修改动画中的对象、场景等动画本身的特性,例如参数修改等。

(6) "文本"菜单:用于对文本的属性和样式进行设置。

(7) "菜单"菜单:用于对菜单进行管理。

(8) "控制"菜单:用于对动画进行播放、控制和测试操作。

(9) "调试"菜单:用于对动画进行调试操作。

(10) "窗口"菜单:用于打开、关闭、组织、切换各种窗口面板。

(11) "帮助"菜单:用于快速获取帮助信息。

1.2.2 "工具"面板

Flash CS4 的"工具"面板包括了用于创建和编辑图形、图稿、页面元素的所有工具。该面板根据各个工具功能的不同,可以分为"绘图工具"、"视图工具"、"填充工具"和"选项工具"4 大部分,如图 1-10 所示。可以使用这些工具进行绘图、选区对象、喷涂、修改以及编排文字等操作。

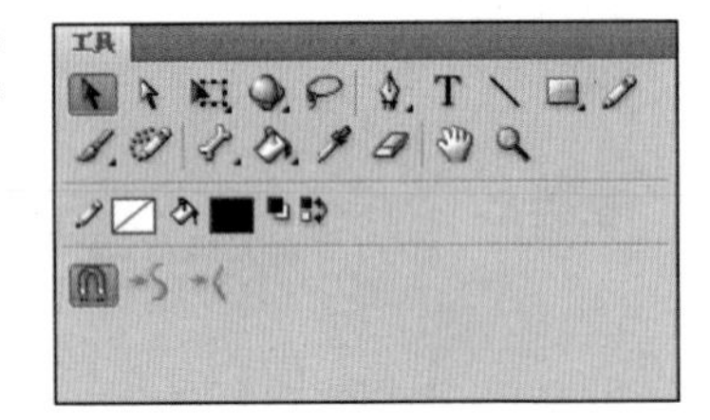

图 1-10 "工具"面板

1.2.3 "时间轴"面板

"时间轴"面板是 Flash 界面中十分重要的部分,用于组织和控制影片内容在一定时间内播放的层数和帧数,如图 1-11 所示。与电影胶片一样,Flash 影片也将时间长度划分为帧。图层相当于层叠在一起的幻灯片,每个图层都包含一个显示在舞台中的不同图像。"时间轴"面板的主要组成部分是图层、帧和播放头。

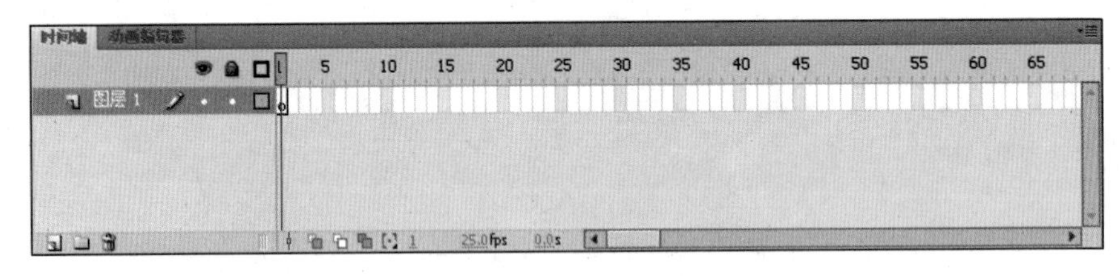

图 1-11 "时间轴"面板

1.2.4 设计区

在 Flash CS4 中,设计区就是进行动画创作的区域,可以在设计区中绘制图形,也可以导入外部图像、音频和视频等文件。

设计区的区域决定了动画最终显示的大小，可以在“文档属性”对话框中设置设计区的属性，如图 1-12 所示。

图 1-12 “文档属性”对话框

在“文档属性”对话框中，主要参数选项的具体作用如下。

(1) 尺寸：可以在文本框中输入文档的大小数值，单位为像素。

(2) 背景颜色：可以设置文档的背景颜色，默认为白色。

(3) 帧频：可以在文本框中输入动画播放的帧频，帧频决定了动画的播放速度，默认是 24fps。

(4) 标尺单位：在使用标尺工具时，设置标尺工具显示方式的单位，可以选择像素、点、厘米等选项。

1.2.5 面板集

在 Flash CS4 中，面板集用于管理 Flash 面板，它将所有面板都嵌入到同一个面板中。通过面板集，可以对工作界面的面板布局进行重新组合，以适应不同的工作需求。下面介绍有关面板集的一些基本操作和在制作动画过程中常用的面板。

1. 面板集的基本操作

在 Flash CS4 中，提供 3 种工作区面板集的布局方式，选择“窗口”|“工作区”菜单，在子菜单中可以选择“动画”、“传统”或“调试”菜单，在 3 种布局模式中切换不同的面板集。

手动调整工作区布局：除了使用预设的 3 种布局方式以外，还可以对整个工作区进行手动调整。拖动任意面板进行移动时，该面板将以半透明的方式显示；当被拖动的面板停靠在其他面板旁边时，会在其边界出现一个蓝边的半透明条，表示如果此时释放鼠标，则被拖动的面板将停放在半透明条的位置，如图 1-13 所示。

调整面板大小：当需要同时使用多个面板时，如果将这些面板全部打开，会占用大量的屏幕空间，此时可以单击面板顶端的空白处或面板顶端的“最小化”按钮将面板最小化。再次单击面板顶端的空白处或面板顶端的“最大化”按钮，可以最大化面板。

2. “颜色”面板

选择“窗口”|“颜色”菜单，可以打开“颜色”面板。该面板用于给对象设置边框颜色和填充颜色：在设置边框颜色时，可以通过选择 Alpha 值来改变边框的透明度；在设置填充类中，可以选择纯色、线性、放射状和位图，如图 1-14 所示。

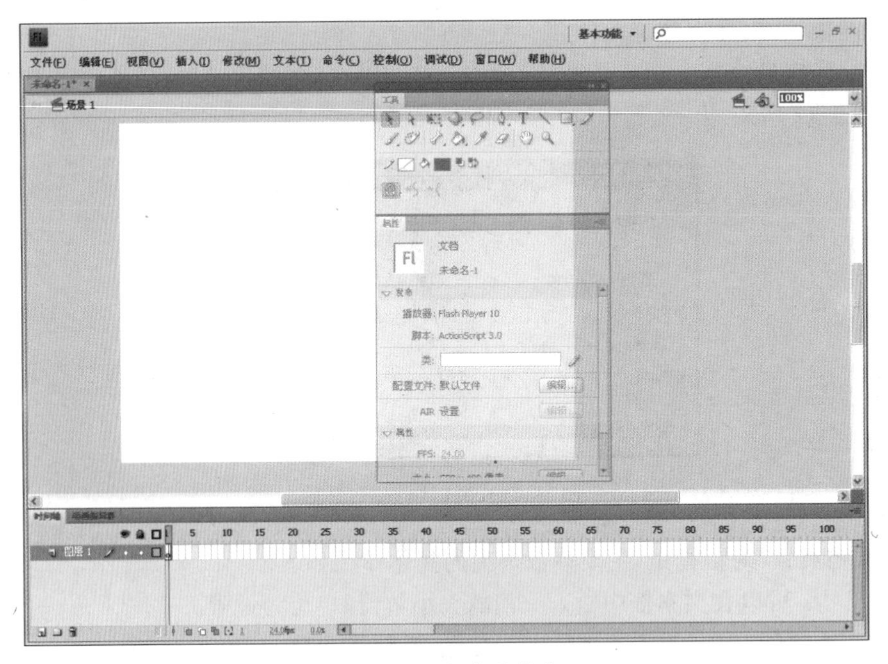

图 1-13　面板集的操作

3. “库”面板

选择“窗口”|“库”菜单，打开“库”面板。该面板用于存放元件和素材等内容，外部素材也可以导入到“库”面板中。用户可以通过“库”面板管理资源，如图 1-15 所示。

4. “变形”面板

选择“窗口”|“变形”菜单，可以打开“变形”面板。在该面板中，可以对所选对象进行放大与缩小、设置对象的旋转角度和倾斜角度以及设置 3D 旋转度数和中心点位置等操作，如图 1-16 所示。

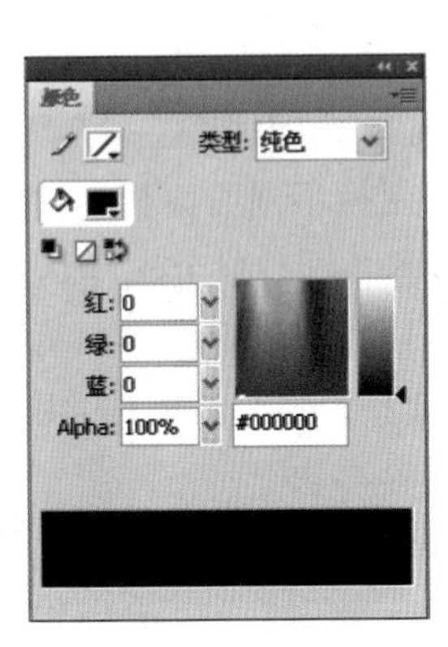

图 1-14　“颜色”面板

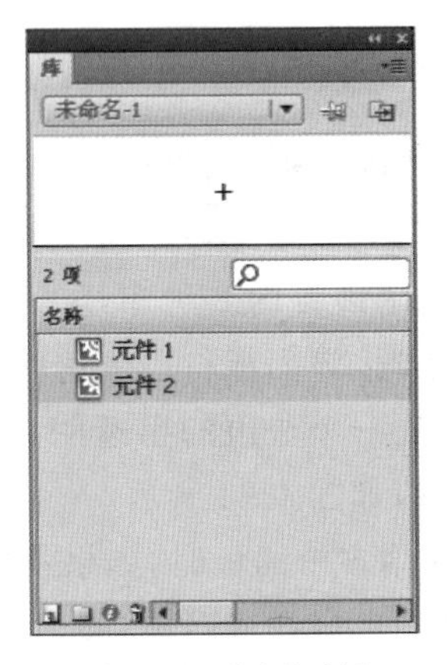

图 1-15　“库”面板

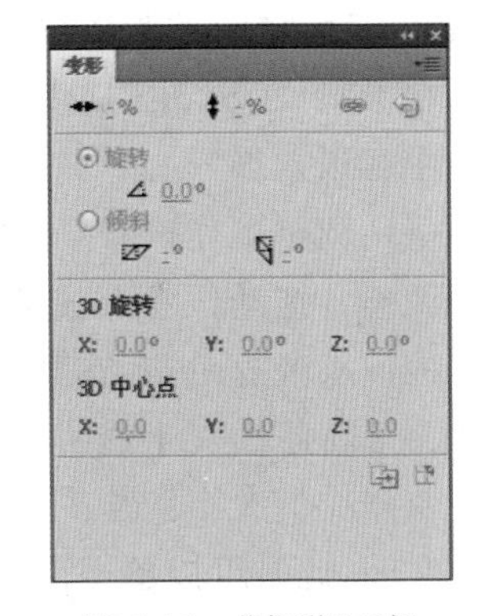

图 1-16　“变形”面板

5. “动作”面板

选择“窗口”|“动作”菜单，打开“动作”面板。在该面板中，左侧是以目录形式分类显示的动作工具箱，右侧是参数设置区域和脚本编写区域。在编写脚本时，可以从左侧选择需要的菜单，也可以直接在右侧编写区域中直接编写，如图 1-17 所示。

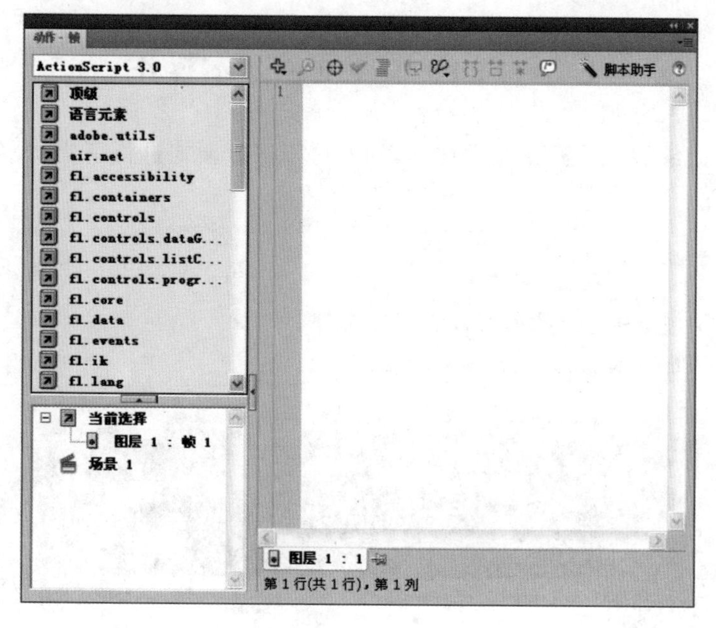

图 1-17 “动作”面板

6. “对齐”面板

选择“窗口”|“对齐”菜单，打开“对齐”面板。在“对齐”面板中，可以对所选对象进行左对齐、垂直居中对齐、水平居中对齐等对齐操作；也可以对所选对象进行顶部分布、水平居中分布、右侧分布等分布操作；还可以对所选对象执行匹配大小以及间隔菜单，如图 1-18 所示。

7. “组件”面板

选择“窗口”|“组件”菜单，以打开“组件”面板。该面板用于控制选项卡导航的管理组件，直接拖动需要的组件到舞台中即可，如图 1-19 所示。

8. “行为”面板

选择“窗口”|“行为”菜单，打开“行为”面板。该面板主要应用于创建交互式动画，可以很方便地控制动画中任意对象的播放、停止、跳转到指定播放进度或指定的动画等，如图 1-20 所示。

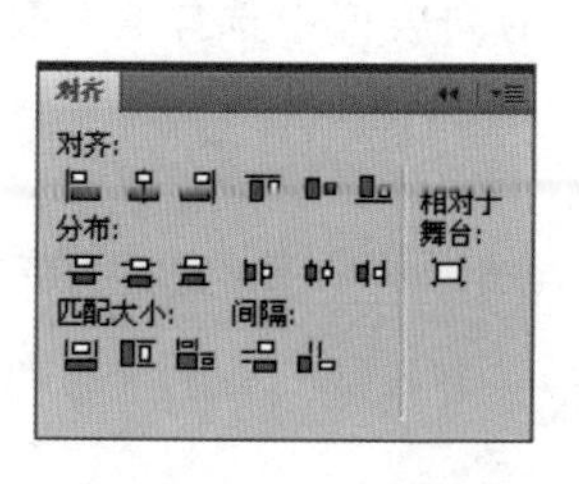

图 1-18 “对齐”面板

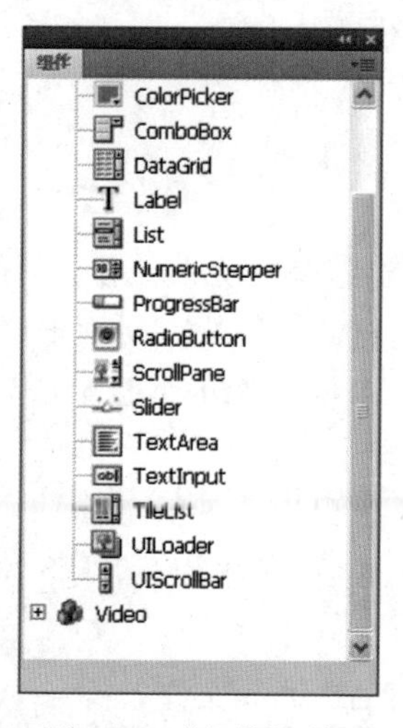

图 1-19 “组件”面板

图 1-20 “行为”面板

1.3 Flash CS4 文档基本操作

Flash CS4 提供的文件操作非常便捷，用户可以很方便地进行新建、保存、关闭和打开等文件操作。

1.3.1 新建文件

在 Flash CS4 中，有两条途径可以创建新文件。

(1) 在启动 Flash 时直接创建，如图 1-21 所示。

图 1-21 直接创建文件

(2) 在 Flash 窗口，选择“文件”|“新建”菜单，进入工作区，如图 1-22 所示。新建文件不仅可以创建空白文档，而且可以从模板中创建。在模板中，可以选择各种已经设置好文档属性的文档模板来创建，如图 1-23 所示。

1.3.2 保存文件

编辑好一个 Flash 文件后，可以将其保存起来，以便以后使用。保存文件的操作步骤如下：

(1) 选择“文件”|“保存”菜单，打开“另存为”对话框，如图 1-24 所示。

(2) 单击对话框中“保存在”文本框右侧的下拉箭头，从下拉的列表框中选择文档保存的路径。

(3) 在“文件名”文本框中输入要保存文件的名称。

(4) 单击“保存类型”文本框右侧的下拉箭头，从下拉列表框中选择文档的保存类型。一般保持默认选项。

(5) 单击“保存”即可保存当前的 Flash 文件。

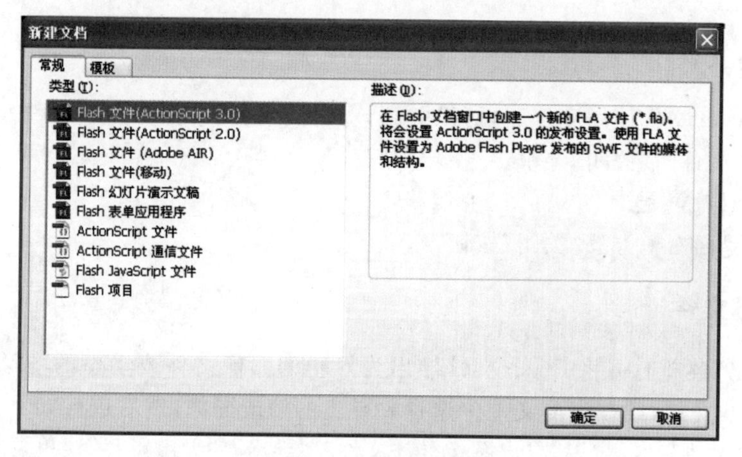

图 1-22　新建文件

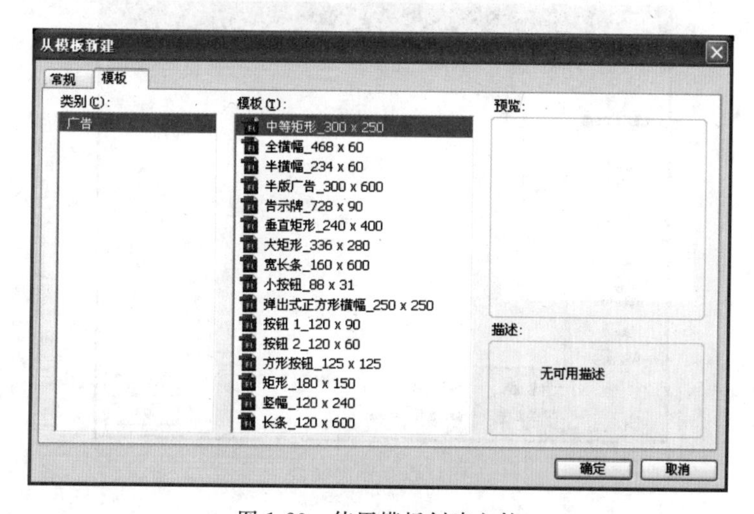

图 1-23　使用模板创建文件

图 1-24　保存文件

1.3.3 关闭文件

当前的 Flash 文件使用完毕后，可以关闭该文件。关闭文件有如下几种方法：

(1) 选择“文件”|“关闭”菜单。

(2) 按 Ctrl+W 键。

(3) 单击界面右上方的“关闭”按钮。

1.3.4 导出文件

使用“导出”菜单时可将 Flash 文件导出为静止的图像文件或动态的 SWF 文件。打开要导出的 Flash 文件，或在当前文件中选择要导出的帧或图像，然后进行如下操作即可。

(1) 选择“文件”|“导出”|“导出图像”或“文件”|“导出”|“导出影片”菜单，如图 1-25 所示。

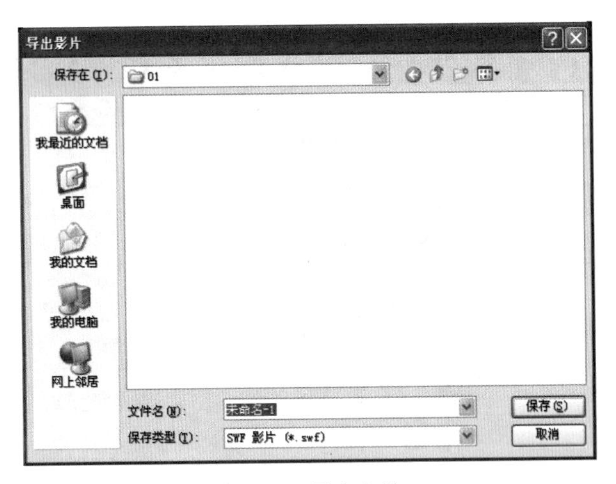

图 1-25 导出文件

(2) 在打开的对话框中输入文件的名称，选择需要的文件格式，然后单击“保存”按钮即可，如图 1-26 所示。

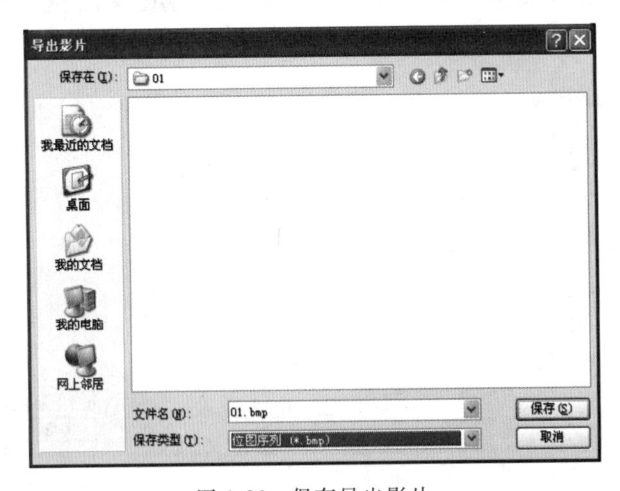

图 1-26 保存导出影片

（3）如果所选的格式需要更多信息，会出现一个导出对话框。将 Flash 图像保存为 GIF、JPEG、PICT 或 BMP 文件时，图像会丢失其矢量信息，仅以像素信息保存。可以在图像编辑器中导出为位图的图像，但无法再在基于矢量的绘图程序中编辑它们，如图 1-27 所示。

1.3.5 发布文件

选择“文件”|“发布设置”菜单，可将文件发布为各种格式的文件，在“发布格式”对话框中选择要发布的文件格式后，单击“发布”按钮即可，如图 1-28 所示。

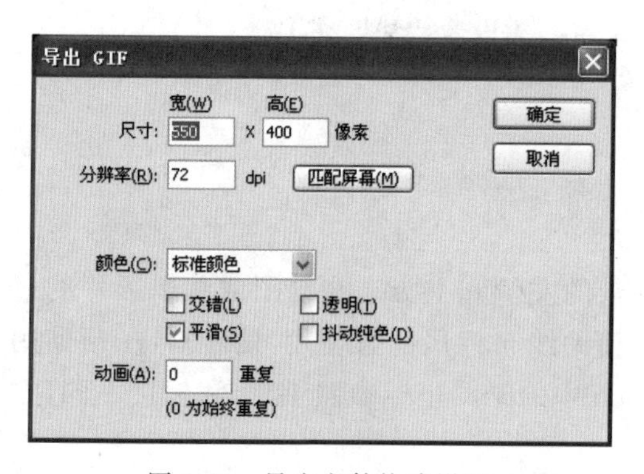

图 1-27　导出文件格式设置

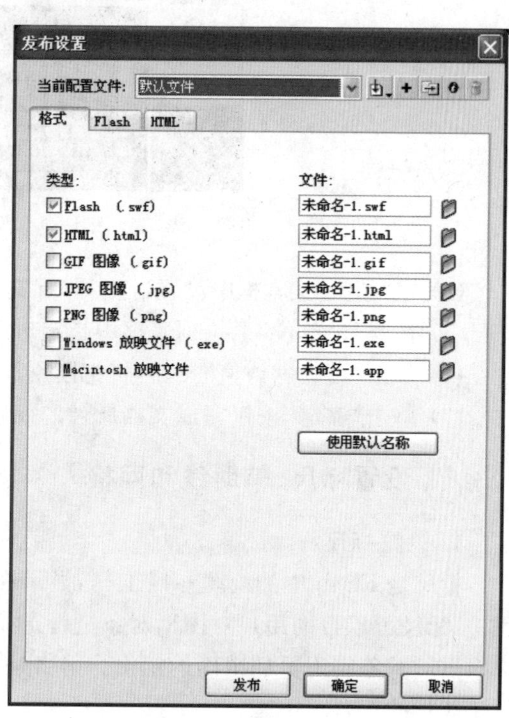

图 1-28　“发布设置”对话框

1.3.6 设置场景属性

场景属性决定了动画影片播放时的显示范围和背景颜色。设置场景属性的操作步骤如下：

（1）选择“修改”|“文档”菜单，会打开一个“文档属性”对话框，如图 1-29 所示。

图 1-29　“文档属性”对话框

(2) 在“尺寸”文本框中指定文档的宽度和高度，尺寸的单位一般为“像素”。

(3) 单击“背景颜色”右侧的小箭头，在其中为当前 Flash 选择背景颜色，如图 1-30 所示。

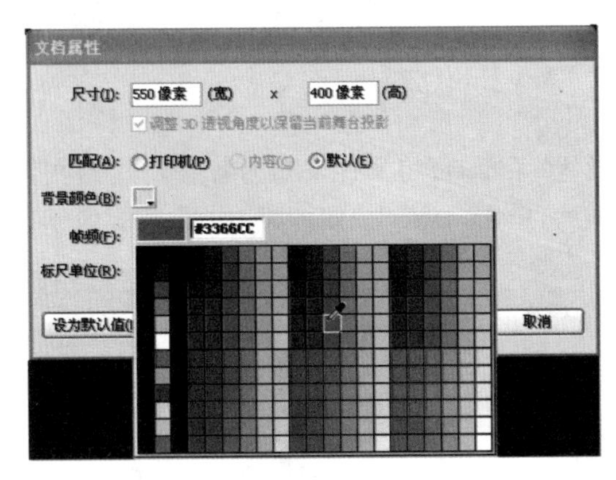

图 1-30　背景颜色设置

(4) 在“帧频”文本框中设置当前 Flash 文件的播放速度，单位 fps 指的是每秒播放帧数。

(5) 在“标尺单位”下拉列表框中指定对应的单位，一般选择“像素”项。

(6) 单击“设为默认值”按钮，将把刚刚设置好的参数设置为默认参数。

(7) 单击“确定”按钮完成文档属性的设置。

1.3.7　设置标尺、辅助线和网格

1. 设置标尺

标尺是 Flash 中的绘图参照工具，显示在场景的左侧和上方。在绘图或编辑影片的过程中，标尺可以帮助用户对图形对象进行定位。辅助线与标尺配合使用，两者对应，帮助用户对图形对象实现更加精确的定位。网格是 Flash 中的绘图坐标参照工具，和标尺不同，它位于场景的舞台之中。

设置标尺可以有效地帮助设计者测量、组织和计划作品的布局。一般情况下标尺都是以像素为单位，如果需要更改，可以在“文档属性”中进行设置。要显示或隐藏标尺可以选择“视图”|“标尺”菜单。垂直和水平标尺出现在文档窗口边缘的效果如图 1-31 所示。

图 1-31　垂直标尺和水平标尺

2. 设置辅助线

辅助线是用户将标尺拖到舞台上的直线。它的功能是帮助用户放置和对齐对象。可以利用辅助线来标记舞台的重要部分。设置辅助线的操作步骤如下。

(1) 选择“视图”|“标尺”菜单,显示标尺。

(2) 用左键拖动标尺。

(3) 在舞台上定位辅助线后再放开鼠标,如图 1-32 所示。

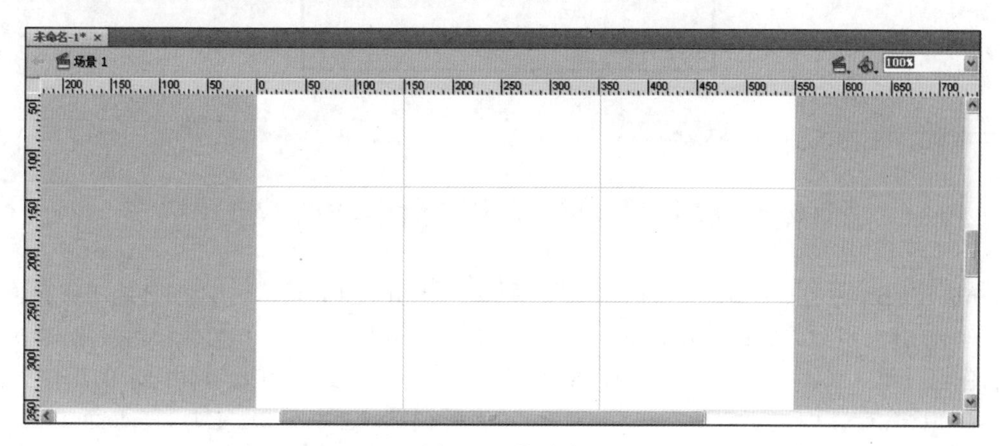

图 1-32　辅助线

对于不需要的辅助线,可以使用鼠标左键拖到工作区外,或者在“视图”|“辅助线”|“显示辅助线”菜单进行隐藏。

3. 设置网格

除了标尺和辅助线外,网格也是重要的绘图参照工具之一。Flash 网格在舞台上显示为一个由横线和竖线均匀架构的体系。用户可以查看和编辑网格,还可以调整和更改网格的颜色和尺寸。设置网格的操作步骤如下。

(1) 选择“视图”|“网格”菜单,单击“显示网格”选项来显示网格,如图 1-33 所示。

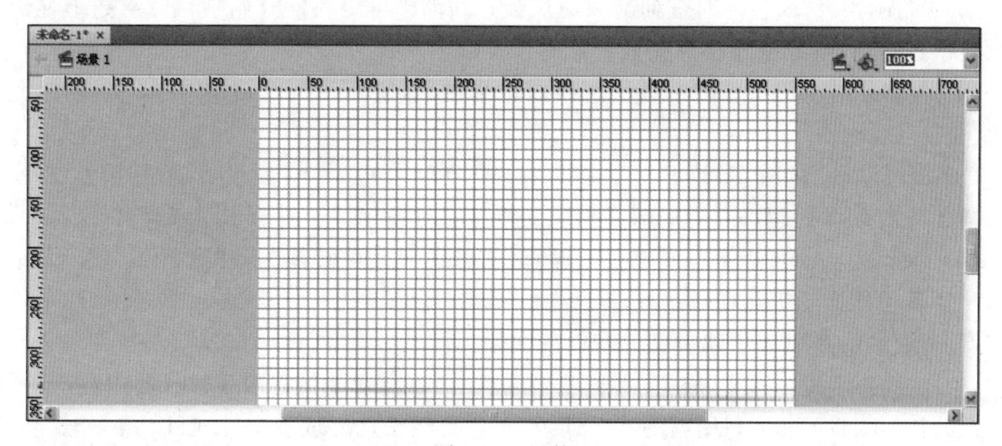

图 1-33　网格

(2) 选择“视图”|“网格”|“编辑网格”菜单,打开“网格编辑”对话框,在对话框中设定网格的颜色和尺寸,如图 1-34 所示。

(3) 在对话框中设定网格颜色和尺寸。

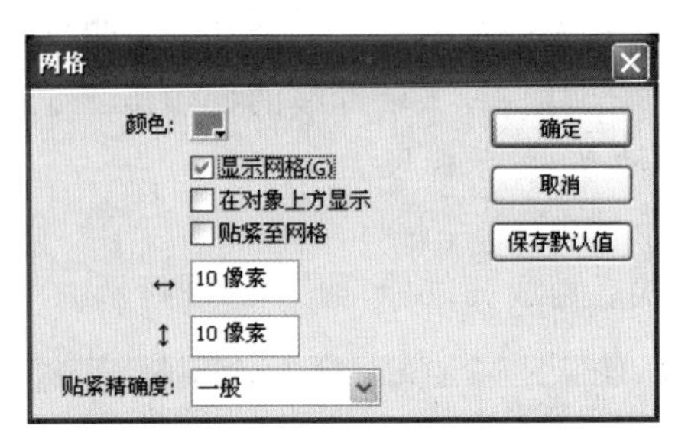

图 1-34 “网格”对话框

1.4 Flash CS4 的新增功能

Flash CS4 在之前版本的基础上新增了许多功能,并且 Flash CS4 能逼真地制作出连贯性动作的动画,例如人物的跑动。此外,使用新增的“3D 工具”能在 Z 轴上调整对象,能更好地制作出三维效果。全新的 CS4 界面能切换不同的工作区模式,满足不同需求的用户。

在 Flash CS4 中主要新增了“动画编辑器”面板、“骨骼工具”、3D 工具、Deco 工具和“动画预设”面板,此外,针对团队开发、图像和声音上也做了改进。下面将介绍 Flash CS4 的主要新增功能。

(1) 基于对象的动画。基于对象的动画不仅大大简化了 Flash 的设计过程,而且提供了更大程度的控制。补间动画此时将直接应用于对象而不是关键帧,从而精确控制每个单独的动画属性。

(2) “动画编辑器”面板。可以使用关键帧编辑器体验对每个关键帧参数(包括旋转、大小、缩放、位置、滤镜等)的完全单独控制,并且可以通过关键帧编辑器,借助曲线以图形化方式控制缓动。

(3) “动画预设”面板。对任何对象应用预置的动画可更快地开始项目。从数十种预置的预设中进行选择,或创建和保存被定义的预设。

(4) 骨骼工具。使用骨骼工具快速扭曲单个对象,使一系列链接的对象轻松创建链型效果。

(5) 3D 工具。使用 3D 变形工具可以在 3D 空间内对 2D 对象进行动画处理,在 X、Y 和 Z 轴上进行动画处理。应用局部或全局旋转可将对象相对于对象本身或舞台旋转。

(6) Deco 工具。可以进行装饰性绘画,轻松将任何元件转换为即时设计工具。无论是创建稍后可使用刷子工具或填充工具应用的图案,还是通过将一个或多个元件与 Deco 对称工具一起使用,都可以创建类似万花筒的效果。

(7) 示例声音库。一个新的内置声音效果库,可以方便地创建附带声音的内容。

(8) 新的项目面板:利用新的项目面板,可以更轻松地处理多文件项目。

第2章　基本图形绘制

【学习目标】

(1) 掌握绘图工具的使用方法。

(2) 能够利用绘图工具绘制基本图形并进行选择和填充色彩。

【本章综述】

图形的绘制是Flash动画制作的前提,熟练掌握绘图操作技巧,并了解在绘图过程中各种工具的使用方法和扩展功能,可以为动画创作提供方便。

2.1 案　　例

案例2-1　小房子

1. 案例分析及效果

本案例利用绘图工具绘制一座小房子,并填充色彩。主要使用工具箱中的线条工具、矩形工具、颜料桶工具、墨水瓶工具等。效果如图2-1所示。

2. 制作思路

(1) 利用矩形工具、线条工具绘制房子结构。

(2) 利用颜料桶工具对房子进行色彩填充。

3. 案例实现过程

(1) 选择"文件"|"新建"菜单,新建一个Flash文档。

(2) 在"文档属性"对话框中将文档尺寸设置为550×400像素,帧频设置为24fps,如图2-2所示。

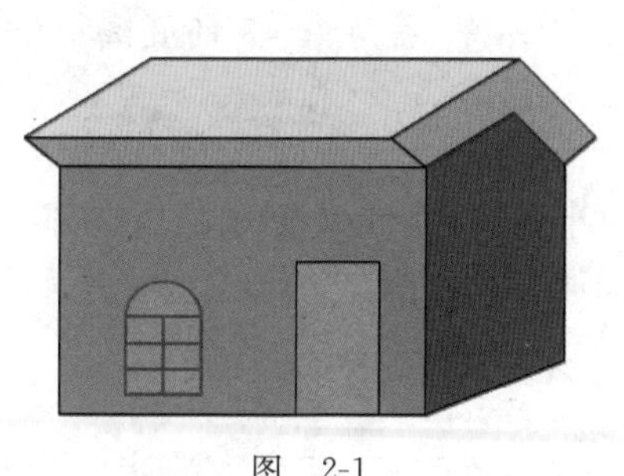

图　2-1

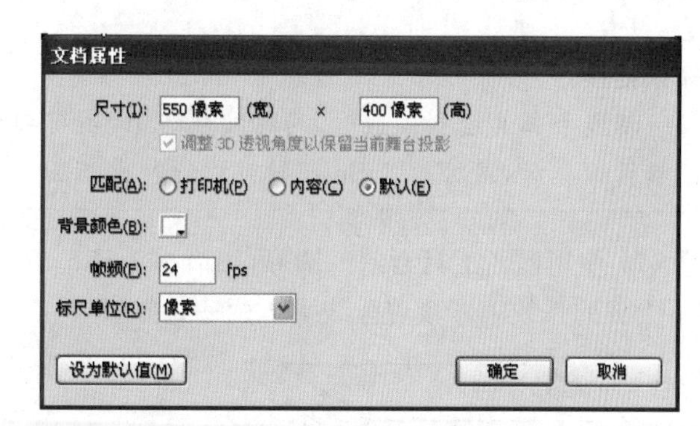

图2-2　设置文档属性

(3) 选取工具箱中矩形工具,设置"笔触颜色"为黑色,"填充颜色"为无色,如图2-3所示。

知识链接：

在“工具”面板中，可以对工具的属性进行设置，通过调整属性，可以让工具的表现效果更加接近预期效果。

(4) 绘制两个矩形，上面的矩形作为房顶，下面的矩形作为房身，如图 2-4 所示。

(5) 用箭头工具双击上面矩形的任一线段，将整个矩形选取，单击任意变形工具，将光标移至上边直线处，拖动鼠标，将这个矩形变形为平行四边形，如图 2-5 所示。

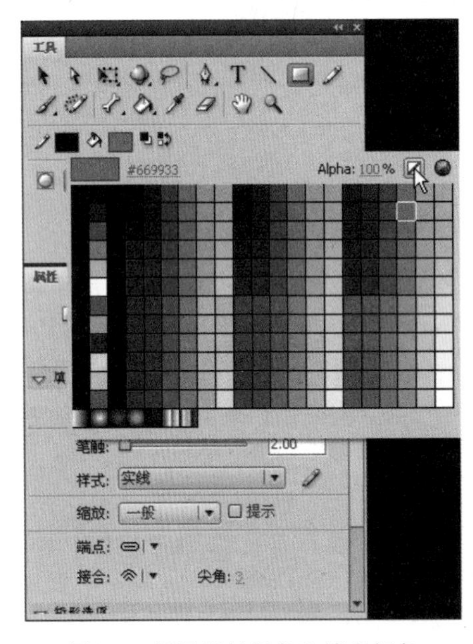

图 2-3　设置笔触颜色和填充颜色

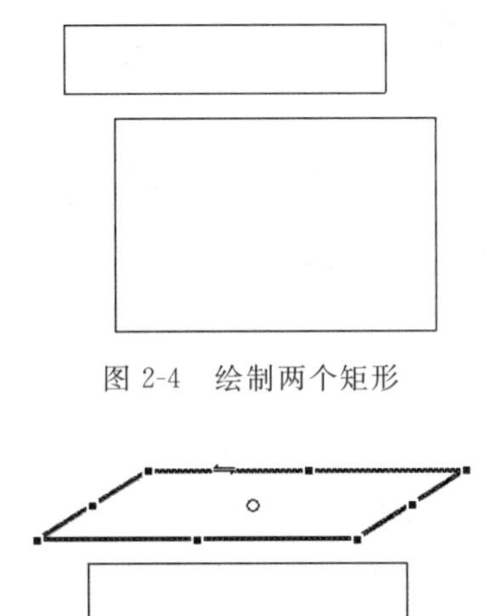

图 2-4　绘制两个矩形

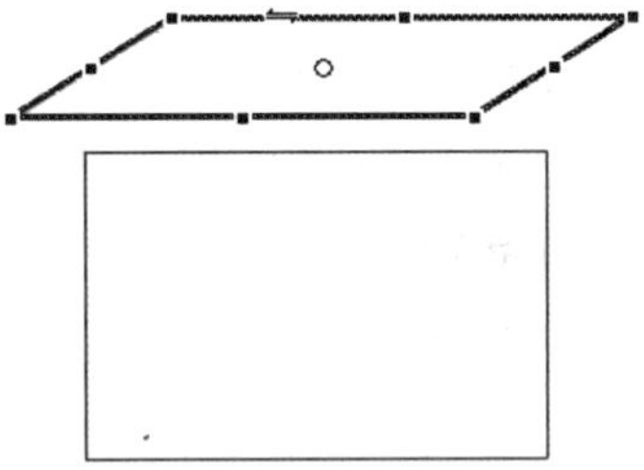

图 2-5　对上面的矩形进行任意变形

(6) 用线条工具将两图形连接起来，并画屋顶的侧面，利用矩形工具画出门的框架，绘制出房子的轮廓，如图 2-6 所示。

知识链接：

用线条工具绘制直线时，同时按住 Shift 键可以绘制出水平、垂直及 45°的直线。使用椭圆工具时，同时按住 Shift 键可以绘制出正圆。

(7) 使用椭圆工具绘制一圆形，用箭头工具选取下面半圆，按 Delete 键删除所选部分，剩下上面的弧线。紧接着弧线下方画一长方形，并在内部加直线作为窗格，如图 2-7 所示。

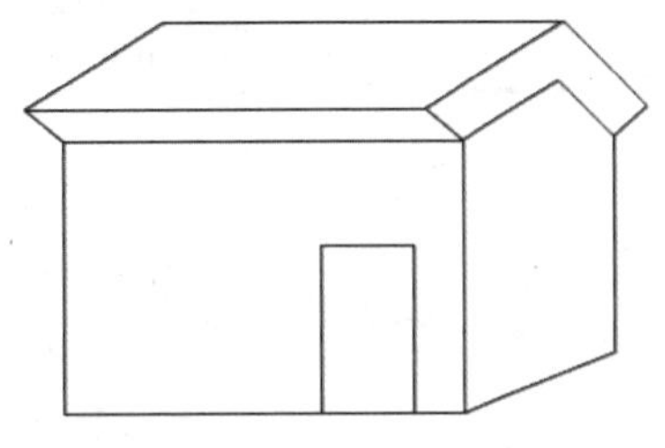

图 2-6　绘制出房子轮廓

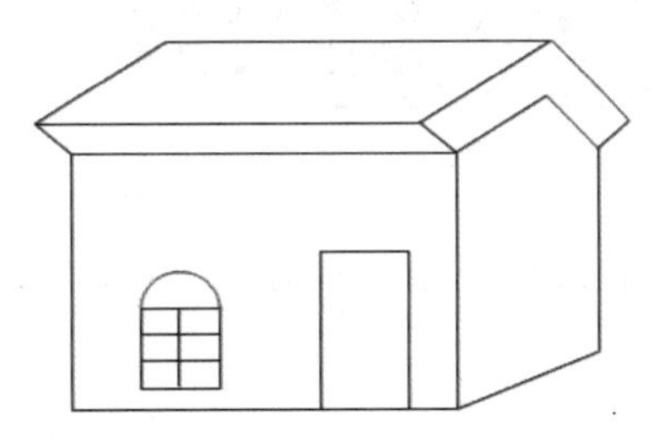

图 2-7　用椭圆工具加上窗户

（8）将“笔触颜色”设置为蓝色，在“属性”面板中将笔触值设置为2。将“填充颜色”设置为绿色。分别利用颜料桶工具和墨水瓶工具对窗进行着色，如图2-8和图2-9所示。

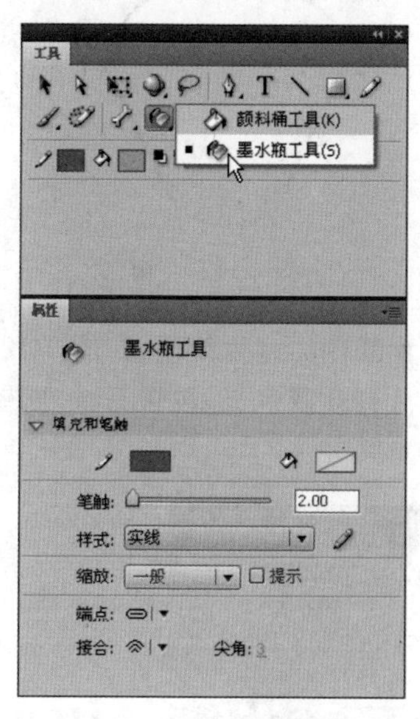

图2-8　设置窗格及窗的颜色

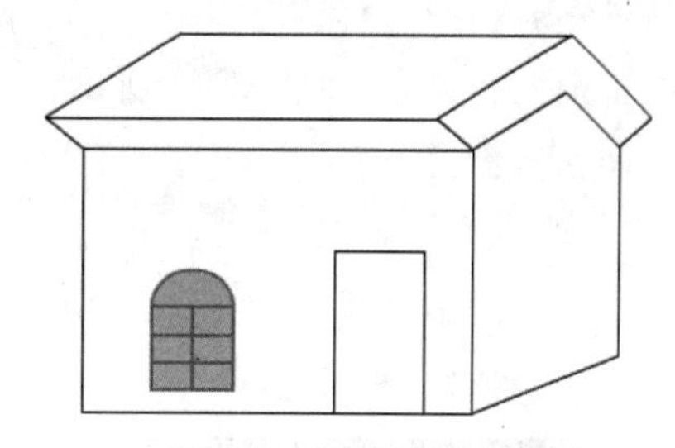

图2-9　窗的着色效果

知识链接：

Flash中图形的颜色被分为“边线”和“填充”两个部分，可以分别设置不同的颜色。其中边线的颜色在“颜色”面板上由“笔触颜色”控制；“填充”的颜色在“颜色”面板上由“填充颜色”控制。

（9）利用同样的方法对房子及门进行着色，注意应使房子和门的正面和侧面的亮度有所区别，以体现房子的立体感，如图2-1所示。

（10）选择“文件”|“保存”菜单，在弹出的对话框中输入文件名并保存当前文件。

案例2-2　月季花朵

1. 案例分析及效果

本案例利用绘图工具绘制一朵月季花，并填充色彩。主要使用工具箱中的选择工具、椭圆工具、颜料桶工具、墨水瓶工具等，效果如图2-10所示。

2. 制作思路

（1）利用椭圆工具、选择工具绘制一片花瓣形状。

（2）利用渐变变形工具对花瓣进行着色。

（3）利用“变形”面板中的设置制作花瓣。

3. 案例实现过程

（1）新建一个大小为550×400像素，帧频为12fps的文档。

（2）选择椭圆工具，设置笔触颜色为黑，填充颜色为无色，画出一个椭圆。利用选择工具对椭圆边线进行变形处理，使椭圆近似与月季花瓣的形状，如图2-11所示。

图 2-10　月季花

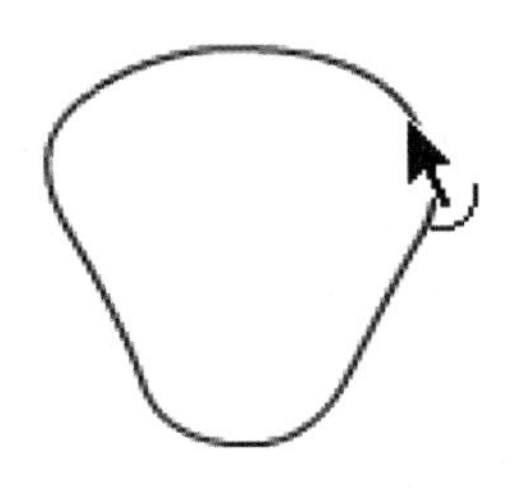

图 2-11　花瓣

(3) 选择“窗口”|“颜色”菜单，打开“颜色”面板，设置颜色类型为线性，如图 2-12 所示。

(4) 分别双击“颜色”面板下方左右两个渐变色滑块，打开调色板，设置月季花花瓣的起始和终止渐变色颜色，如图 2-13 所示。

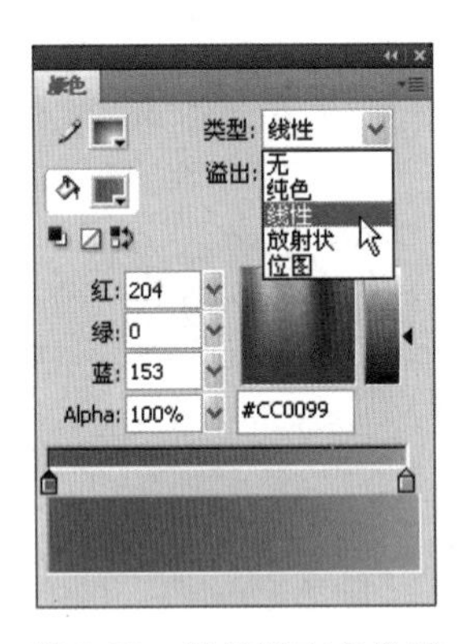

图 2-12　设置渐变色类型

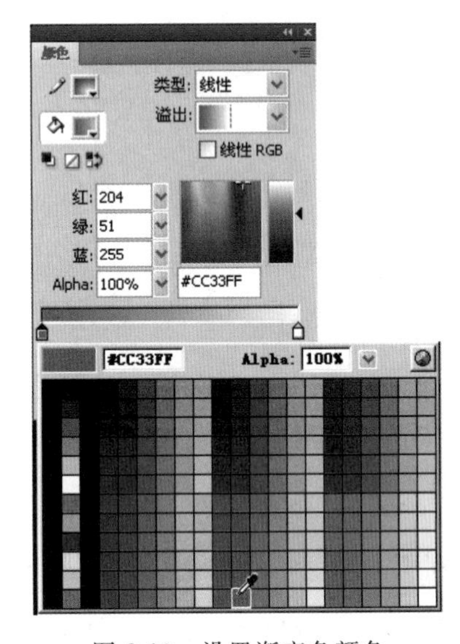

图 2-13　设置渐变色颜色

知识链接：

利用渐变色进行色彩填充时，可以添加或删除渐变色滑块实现更为丰富的渐变效果。

(5) 利用颜料桶工具对花瓣进行着色，如图 2-14 所示。

(6) 利用渐变变形工具对花瓣颜色进行调整，如图 2-15 所示。

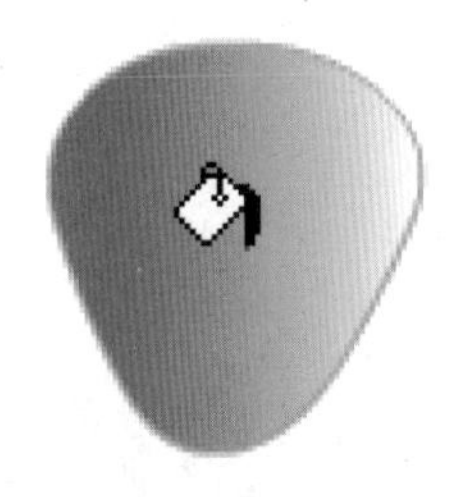

图 2-14　花瓣着色

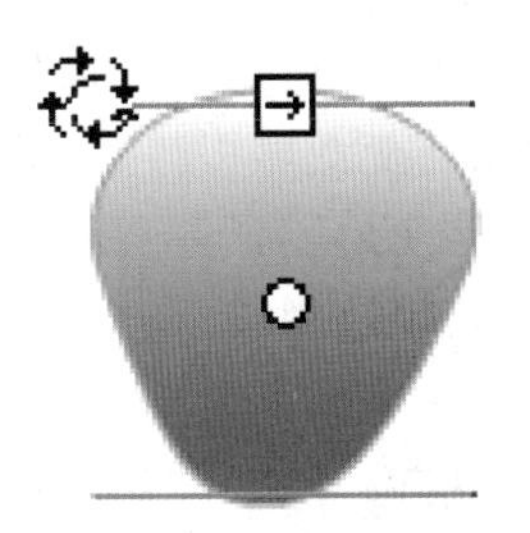

图 2-15　渐变色调整

(7) 利用选择工具单击花瓣笔触，按 Delete 键删除。

(8) 利用“变形”面板制作花朵。利用选择工具选中花瓣，利用任意变形工具将花瓣变形中心点移至旋转合适位置，如图 2-16 所示。

(9) 选择“窗口”|“变形”菜单，打开“变形”面板，设置旋转角度为 72°，连续单击右下角“重制选区和变形”按钮，直至形成单层花瓣，如图 2-17 和图 2-18 所示。

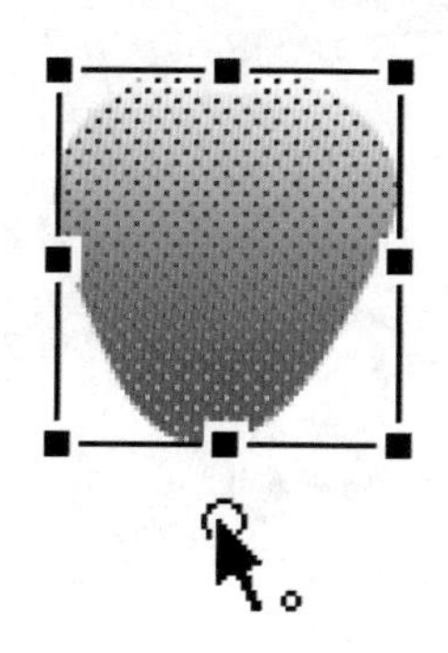

图 2-16　设置变形中心点

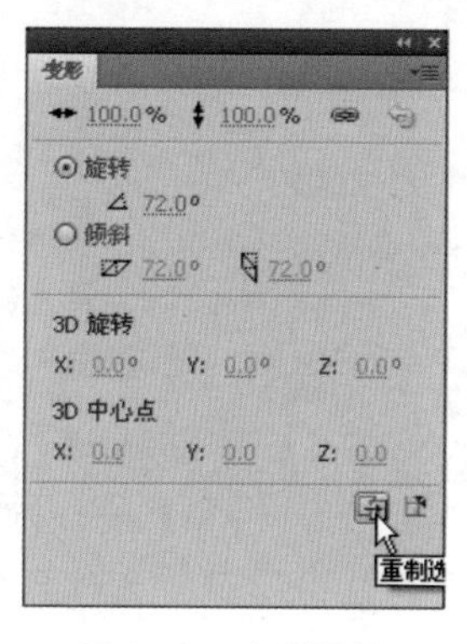

图 2-17　变形设置

图 2-18　单层花瓣

(10) 利用选择工具选中 5 片花瓣，选择“窗口”|“变形”菜单，打开“变形”面板，将“缩放宽度”和“缩放高度”均设置为 80%，设置旋转角度为 40°，连续单击右下角“重制选区和变形”按钮，直至形成月季花朵，如图 2-19 和图 2-20 所示。

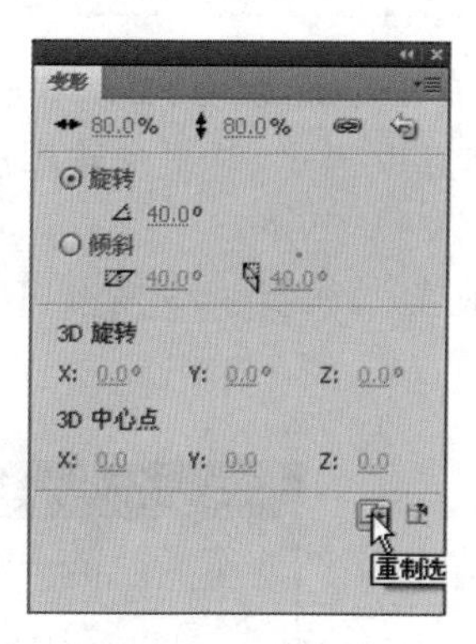

图 2-19　变形设置

图 2-20　多层花瓣

(11) 利用椭圆工具画一个圆，填充颜色为放射状渐变色制作花蕊。最终效果如图 2-10 所示。

案例 2-3　卡通雨伞

1. 案例分析及效果

本案例利用绘图工具绘制一把卡通雨伞，并填充色彩。主要使用工具箱中的钢笔工具、线条工具、部分选择工具、颜料桶工具、墨水瓶工具、滴管工具等。效果如图 2-21 所示。

2. 制作思路

(1) 利用钢笔工具、线条工具绘制雨伞的基本结构，并利用选择工具和部分选择工具进行修改。

（2）利用颜料桶工具对房子进行上色。

3. 案例实现过程

（1）新建一个 Flash 文档。将文档尺寸设置为 550×400 像素，帧频设置为 12fps。

（2）选取工具箱中钢笔工具，设置笔触颜色为红色，勾画雨伞轮廓，如图 2-22 所示。

图 2-21　卡通雨伞

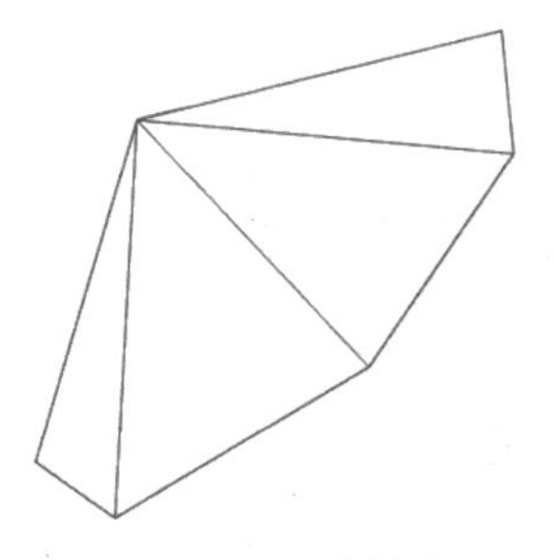

图 2-22　雨伞轮廓

> **知识链接：**
>
> 钢笔工具提供了一种绘制精确的直线或曲线线段的方法。单击鼠标可创建直线线段上的点，拖动鼠标可创建曲线线段上的点。当使用钢笔工具创建曲线段时，线段的锚点显示为切线手柄。每个切线手柄的斜率和长度决定了曲线的斜率和高度。

（3）用选择工具对雨伞的轮廓进行修改，使雨伞轮廓有一定弧度，如图 2-23 所示。

（4）若雨伞轮廓有不合适的地方，可用部分全选工具选中雨伞，对雨伞轮廓进行修改，如图 2-24 所示。

（5）选择多角星形工具，并设置样式为“多边形”，边数为 3，如图 2-25 所示。

图 2-23　调整雨伞轮廓

图 2-24　调整雨伞轮廓

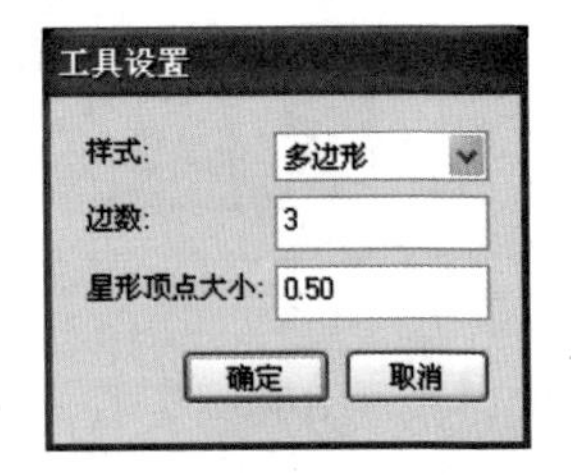

图 2-25　三角形设置

（6）使用多角星形工具绘制一个三角形，用任意变形工具对三角形大小、角度进行调整，并放置在雨伞顶部位置，如图 2-26 所示。

（7）利用线条工具绘制伞柄中直线部分，利用钢笔工具绘制伞柄中曲线部分，如图 2-27 所示。

（8）选择颜料桶工具，打开“填充颜色”面板，如图 2-28 所示。

（9）打开“颜色”对话框，选择合适颜色，并利用右侧滑块选择饱和度，如图 2-29 所示。

（10）选取不同颜色，利用颜料桶工具 对伞面不同区域进行着色，如图 2-30 所示。

图 2-26　使用多边形工具画出伞顶部

图 2-27　画出伞柄部分

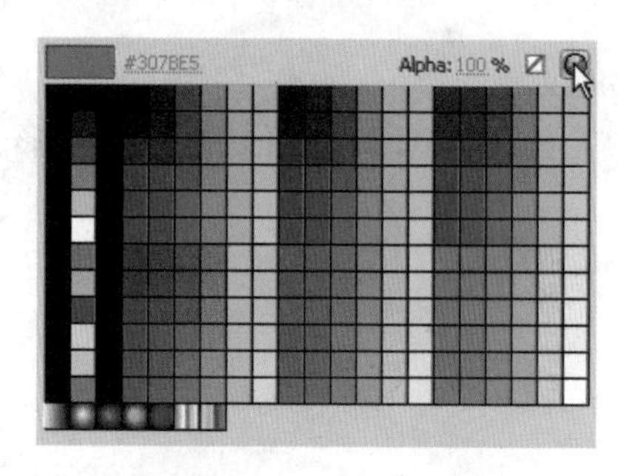

图 2-28　“填充颜色”面板

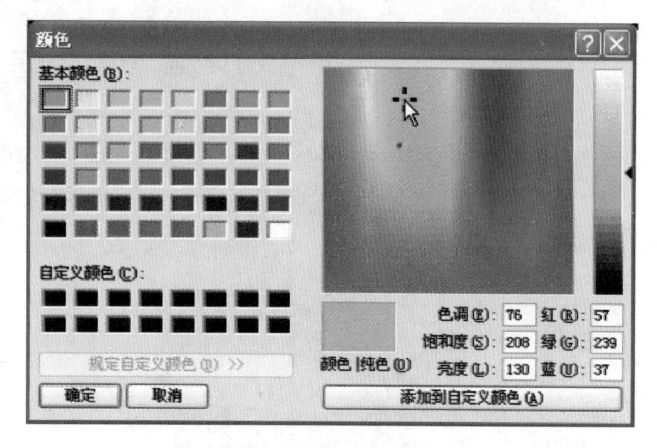

图 2-29　“颜色”对话框

(11) 为保证伞柄颜色和伞面颜色一致，选取滴管工具选取伞面绿色区域，并利用颜料桶工具对伞柄顶部和下部直线部分着色。

(12) 重复第(10)步取色过程，利用颜料桶工具对伞柄弯曲部分着色，如图 2-31 所示。

图 2-30　为雨伞填充颜色

图 2-31　为伞柄填充颜色

知识链接：

开放路径虽然有填充属性，但不能填充颜色，如果想对有较小缺口的路径进行填充，可通过设置“空隙大小”实现。

(13) 利用选择工具双击雨伞轮廓，选中轮廓线，按 Delete 键删除雨伞轮廓。最终效果如图 2-21 所示。

案例 2-4　夏日沙滩

1. 案例分析及效果

本案例利用绘图工具分图层绘制夏日沙滩景象，并填充色彩。主要使用工具箱中的选择工具、刷子工具、铅笔工具、颜料桶工具、墨水瓶工具等。效果如图 2-32 所示。

2. 制作思路

(1) 利用矩形工具、铅笔工具绘制海天交际线，并各自填充色彩。

(2) 新建一图层，利用椭圆工具绘制白云，利用刷子工具绘制飞翔的海鸥。

(3) 新建一图层，利用椭圆工具绘制远处的白云，利用刷子工具绘制海浪的波纹。

(4) 新建一图层，利用椭圆工具和直线工具绘制遮阳伞和沙滩椅。

(5) 新建一图层，利用铅笔工具绘制遮阳伞的阴影部分，并调整图层顺序。

3. 案例实现过程

(1) 新建一个大小为 550×400 像素，帧频为 12fps 的文档。

(2) 选择矩形工具，设置笔触颜色为红，填充颜色为无色，在整个舞台区域画一个矩形，用铅笔工具画出海天交际线，如图 2-33 所示。

图 2-32　夏日沙滩

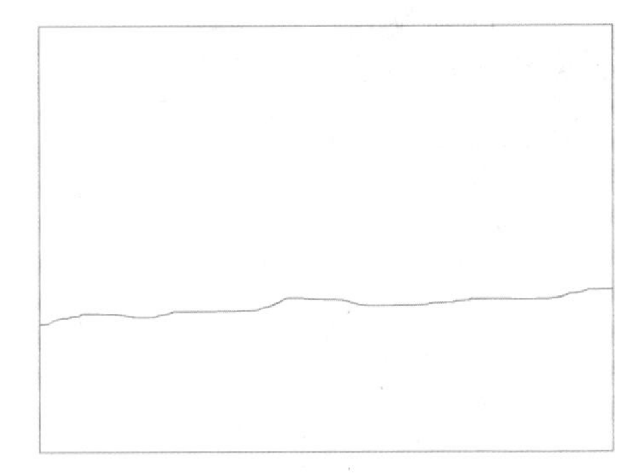

图 2-33　海天交际线

(3) 打开“颜色”面板，设置天空颜色的填充类型为放射状，双击渐变色滑块，选择天空渐变色的起始色为白色，终止色为天蓝色，如图 2-34 所示。

(4) 利用颜料桶工具对天空进行着色，利用渐变变形工具调整天空亮色出现位置和角度。利用颜料桶工具对海水进行着色，颜色设置为深蓝色，如图 2-35 所示。

(5) 利用铅笔工具在海面一角画出沙滩形状，并利用颜料桶工具对沙滩进行着色，颜色设置为浅黄色，如图 2-36 所示。

(6) 利用选择工具双击任一笔触，选中所有笔触，单击 Delete 键删除，如图 2-37 所示。

(7) 在“时间轴”面板右击“图层 1”，从弹出的快捷菜单中选择插入“图层”，如图 2-38 所示。

> **知识链接：**
>
> 图层可以将动画中的不同对象与动作区分开来，对一个图层上的元素进行操作时不会影响到其他图层，可避免在编辑过程中对图像产生无法恢复的误操作。

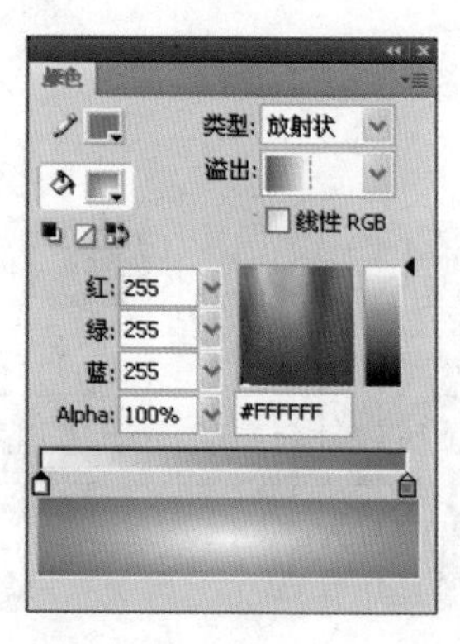

图 2-34　设置天空颜色

图 2-35　为海水着色

图 2-36　为沙滩着色

图 2-37　删除笔触

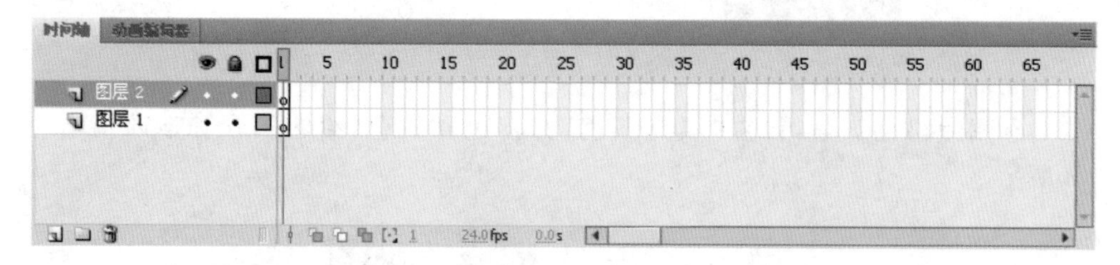

图 2-38　插入图层

(8) 在图层 2 上，利用椭圆工具，设置“填充颜色”为白色，“笔触颜色”为无色，在天空画出白云。利用刷子工具，设置合适的刷子大小和刷子形状，设置“填充颜色”为黑色，在海面上画出飞翔的海鸥，如图 2-39 所示。

(9) 新建一图层 3，利用椭圆工具，设置“填充颜色”为白色，Alpha 值为 30，如图 2-40 所示，画出远处的白云。利用刷子工具，设置“填充颜色”为浅蓝，在海面上画出海浪的波纹，如图 2 41 所示。

(10) 新建一个 Flash 文档，利用钢笔工具，直线工具画出遮阳伞和沙滩椅，如图 2-42 所示。

图 2-39　海鸥

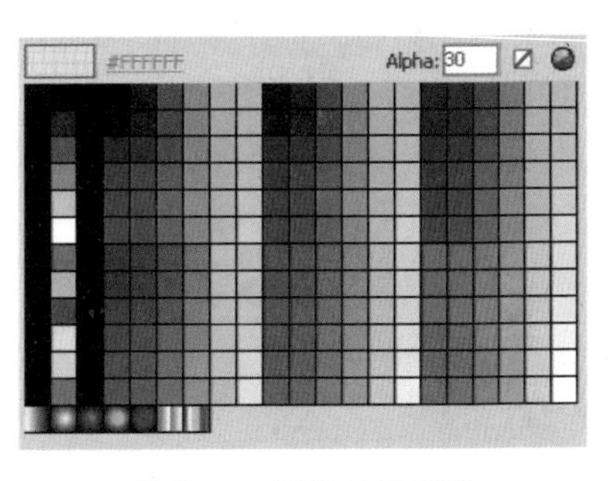

图 2-40　设置白云颜色

图 2-41　海浪波纹

(11) 利用颜料桶工具，设置“填充颜色”为蓝色和黄色，给遮阳伞和沙滩椅着色，如图 2-43 所示。

图 2-42　遮阳伞和沙滩椅　　图 2-43　为遮阳伞和沙滩椅着色

(12) 选中新建文档上的太阳伞和沙滩椅，新建一图层 4，并将选中内容粘贴在图层 4 上，如图 2-44 所示。

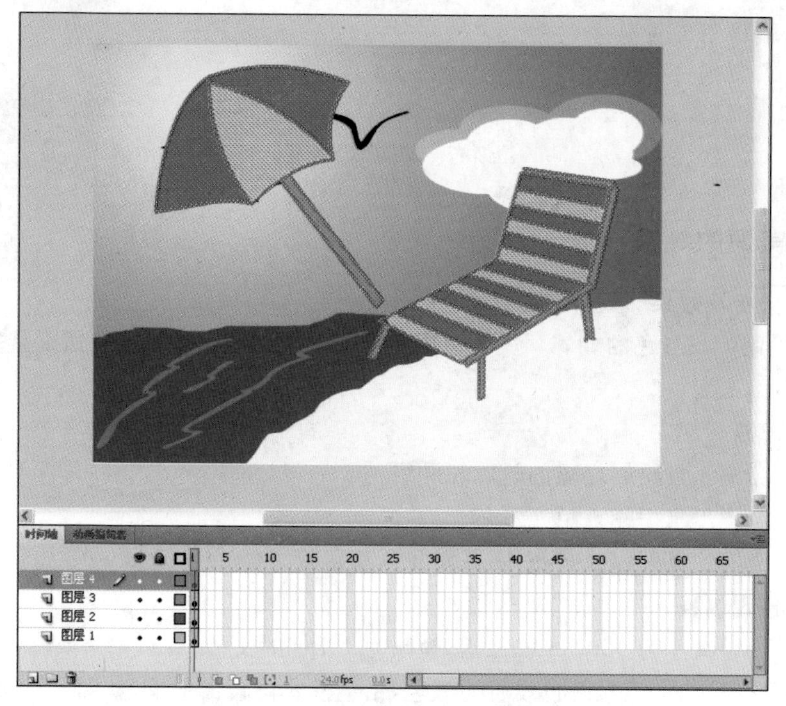

图 2-44　新建遮阳伞和沙滩椅图层

(13) 利用任意变形工具对图层 4 上的太阳伞和沙滩椅进行大小和角度调整，使其放在沙滩上合适的位置。双击太阳伞笔触，单击 Delete 键进行删除。重复上述过程，删除沙滩椅笔触，如图 2-45 所示。

(14) 新建一图层 5，设置"笔触颜色"为红色，填充颜色为比沙滩稍深的黄色，用铅笔工具画出遮阳伞的阴影，如图 2-46 所示。

图 2-45　删除遮阳伞和沙滩椅笔触

图 2-46　画出遮阳伞阴影

(15) 在"时间轴"面板中拖动图层 5，使图层 5 和图层 4 交换位置，如图 2-47 所示。

(16) 删除太阳伞阴影的笔触，得到最终效果图，如图 2-32 所示。

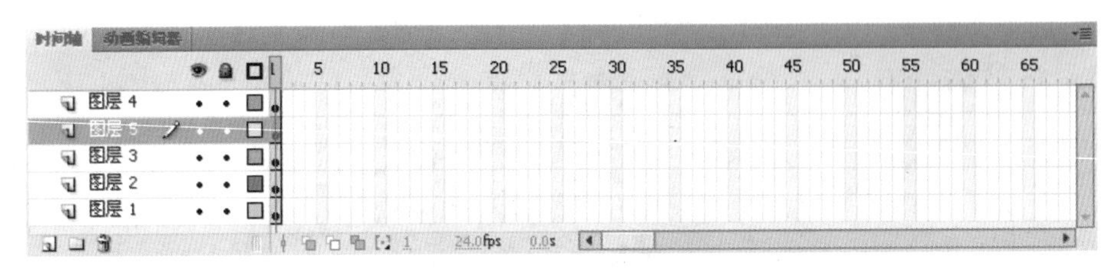

图 2-47　交换图层位置

案例 2-5　美丽的蝴蝶

1. 案例分析及效果

本案例绘制一只彩色的蝴蝶。主要使用铅笔工具、椭圆工具和颜料桶工具完成。效果如图 2-48 所示。

2. 制作思路

(1) 使用铅笔工具绘制蝴蝶的轮廓和脉络。

(2) 用颜料桶工具为蝴蝶填充彩色。

(3) 使用椭圆工具画出蝴蝶身体,并将身体和翅膀结合好。

3. 案例实现过程

(1) 新建一个大小为 550×400 像素,帧频为 12fps 的文档。

(2) 选择铅笔工具,笔触颜色设置为黑色,铅笔模式设置为平滑,如图 2-49 所示。

图 2-48　美丽的蝴蝶

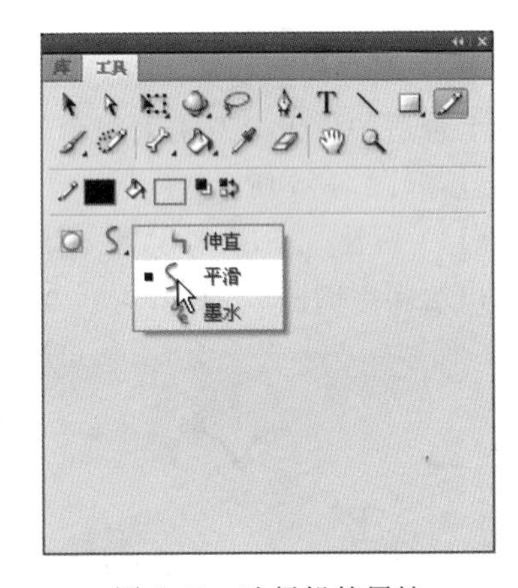

图 2-49　选择铅笔属性

(3) 用铅笔绘制蝴蝶翅膀的形状,如图 2-50 所示。

(4) 使用颜料桶工具为翅膀的边沿进行填充,如图 2-51 所示。

(5) 设置笔触颜色为红色,使用铅笔工具为翅膀添加脉络,如图 2-52 所示。

(6) 选择颜料桶工具,为蝴蝶翅膀添加渐变色,渐变色设置如图 2-53 所示,填充效果如图 2-54 所示。

(7) 使用铅笔工具在翅膀黑色边缘部分画出小的区域填充渐变色作为修饰,并擦去修饰轮廓。效果如图 2-55 所示。

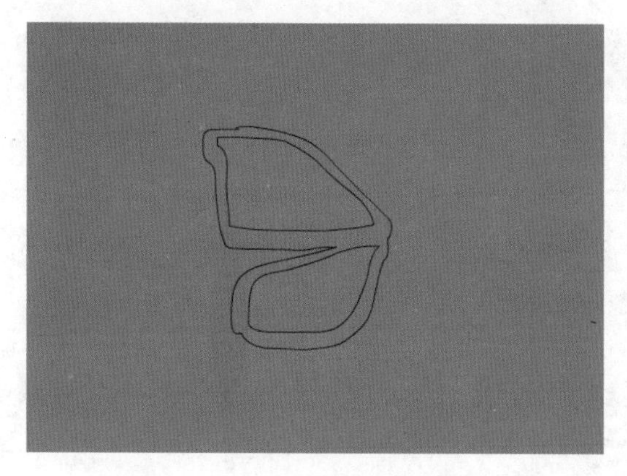

图 2-50　绘制翅膀形状

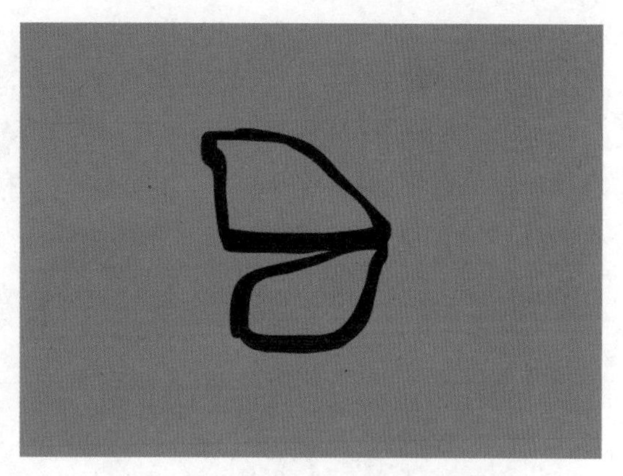

图 2-51　为蝴蝶翅膀边沿填充颜色

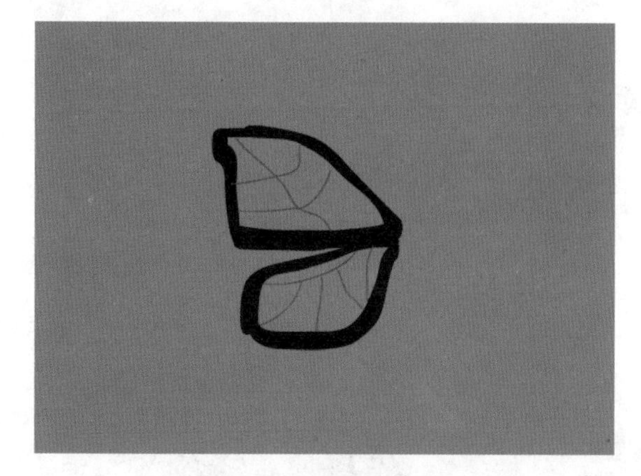

图 2-52　绘制蝴蝶翅膀脉络

图 2-53　设置渐变色

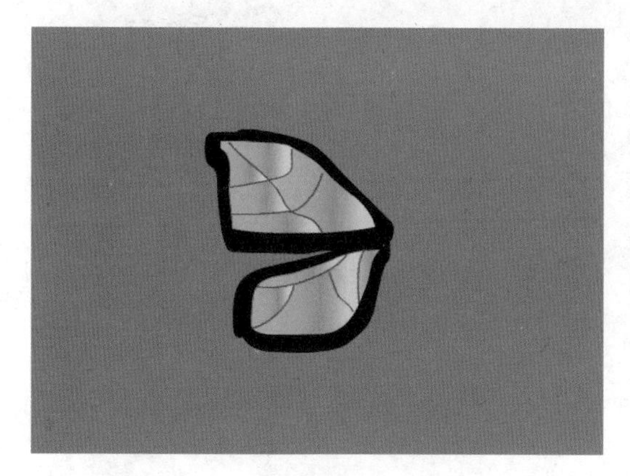

图 2-54　填充蝴蝶翅膀渐变色

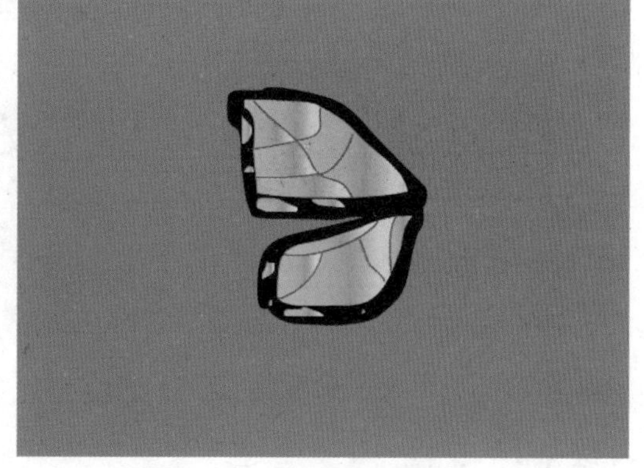

图 2-55　为蝴蝶翅膀加上修饰

(8) 复制翅膀，使用变形工具对蝴蝶翅膀进行水平翻转变换，并与原翅膀一起组成蝴蝶的一对翅膀。效果如图 2-56 所示。

(9) 使用椭圆工具绘制蝴蝶的身体，并填充为黑色。效果如图 2-57 所示。

(10) 将绘制好的蝴蝶翅膀和身体结合起来。最终效果如图 2-48 所示。

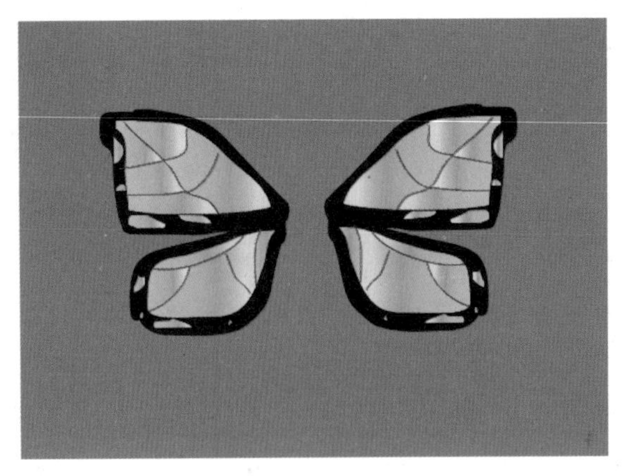

图 2-56　一对蝴蝶翅膀

图 2-57　蝴蝶身体

2.2　实战演习

实战 2-1　黑板

1. 效果

黑板效果如图 2-58 所示。

2. 制作提示

可利用矩形工具和直线工具绘制黑板轮廓。利用颜料桶工具对黑板面着色。

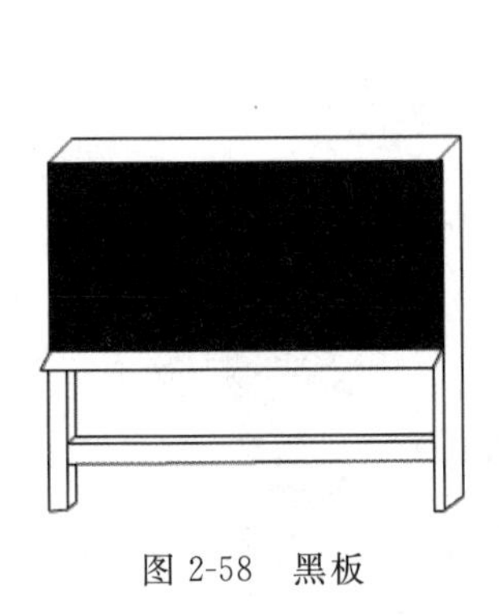

图 2-58　黑板

图 2-59　小鸡

实战 2-2　小鸡

1. 效果

小鸡效果如图 2-59 所示。

2. 制作提示

利用椭圆工具和刷子工具绘制小鸡身体，利用颜料桶工具对小鸡着色。复制出多只小鸡，利用变形工具对多只小鸡进行变形。

实战 2-3　闪闪的红星

1. 效果

闪闪的红星效果如图 2-60 所示。

图 2-60　闪闪的红星

2. 制作提示

可利用多角星形工具和直线工具绘制五角星轮廓。利用颜料桶工具对五角星着色。利用直线工具和橡皮擦工具绘制单条发光线。利用“变形”面板绘制连续发光效果。

实战 2-4　七星瓢虫

1. 效果

七星瓢虫效果如图 2-61 所示。

图 2-61　七星瓢虫

2. 制作提示

在背景中利用颜料桶工具绘制渐变色效果。在新图层中，利用椭圆工具、铅笔工具绘制瓢虫轮廓。利用椭圆工具绘制瓢虫眼睛及身上斑点。利用颜料桶工具为瓢虫着色。

第3章　文字特效

【学习目标】

(1) 了解文本的基础知识，能熟练添加文本，设置文本属性，了解文本的类型。

(2) 能够结合与文字处理有关的绘图工具对基本的文字进行 Flash 特效制作。

(3) 会制作典型案例，如空心字、毛刺字、彩虹字、金属字、立体字、彩图字等。

【本章综述】

在 Flash 影片中可以使用文本来传达信息，丰富影片的表现形式，实现人机对话等交互行为。

Flash CS4 拥有的强大功能使其不仅是一个优秀的作图软件，而且在文字创作方面也毫不逊色。运用它不仅可以创作出静态但却漂亮的文字，而且还可以激活和交互。许多以前只有在 Photoshop 中才能做出来的效果，现在利用 Flash 制作也变得轻而易举。本章将学习如何使用文本工具和其他工具的配合使用，制作出精美的特效文字。

3.1　案　　例

案例 3-1　制作空心字

1. 案例分析及效果

本案例制作空心字效果，主要运用文本工具、选择工具和墨水瓶工具完成。效果如图 3-1 所示。

图 3-1　空心字效果

2. 制作思路

(1) 利用文本工具写出文本。

(2) 将文本分离。

(3) 用墨水瓶工具进行描边处理。

3. 案例实现过程

(1) 新建一个大小为 550×400 像素，帧频为 24fps 的文档，背景颜色为浅灰色。

(2) 单击“工具”面板中的文本工具，在“属性”面板中进行如图 3-2 所示的设置，并在舞台中输入“空心字”3 个字，如图 3-3 所示。

(3) 使用选择工具选择文字，按两次 Ctrl+B 键将文字进行分离，如图 3-4 所示。

> **知识链接：**
>
> 如果要对文本对象进行和图形对象一样的编辑操作时，就要将文本对象进行分离，如果是单个文字只需分离一次，如果两个或两个以上的则需分离两次。

(4) 单击“工具”面板中的墨水瓶工具，在其“属性”面板上进行参数设置，如图 3-5 所示。

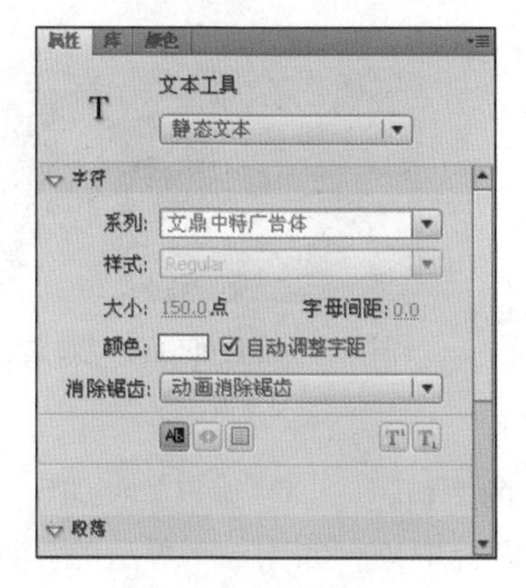

图 3-2　设置字体属性

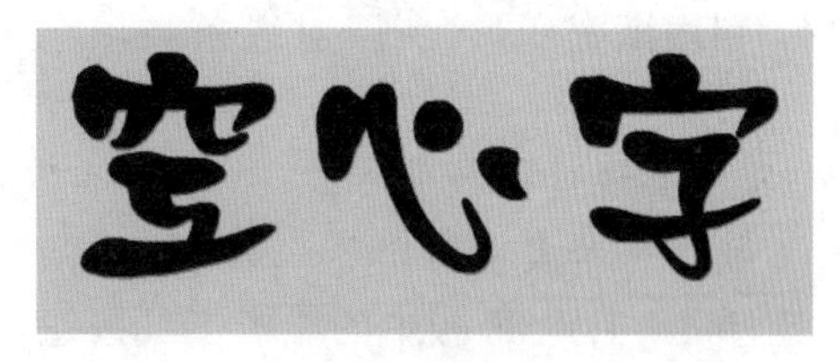

图 3-3　输入文字

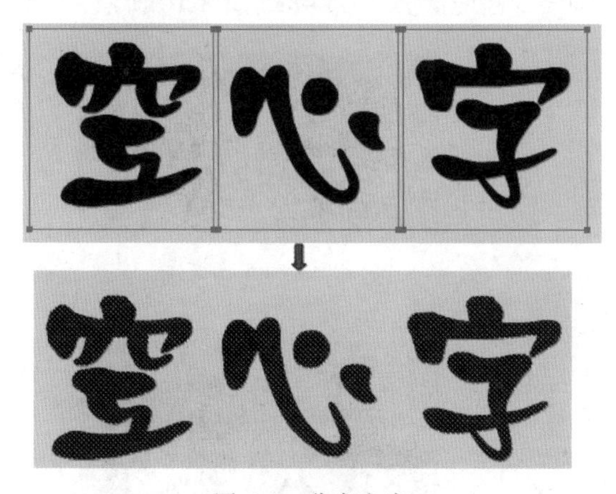

图 3-4　分离文字

图 3-5　对墨水瓶的属性设置

知识链接：

墨水瓶工具是对图形进行描边使用的，在使用墨水瓶工具之前，必须对文字进行分离处理。

(5) 用墨水瓶工具对文字进行填涂，效果如图 3-6 所示。

(6) 单击选择工具，按住 Shift 键，选中文字填充色，然后删除填充色，就得到了空心字。效果如图 3-1 所示。

(7) 选择“文件”|“保存”菜单，输入文件名并保存当前文件。

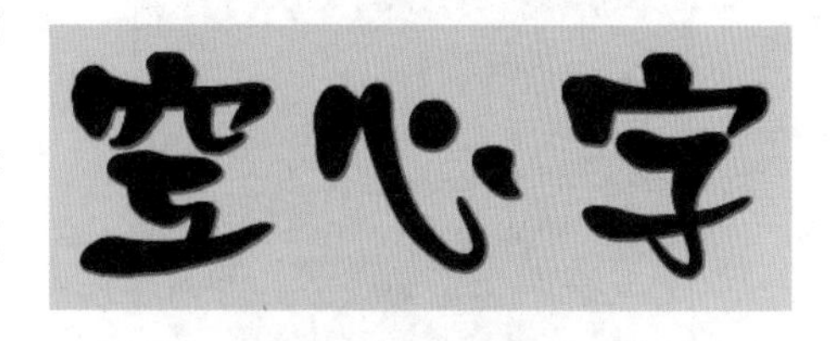

图 3-6　用墨水瓶工具描边之后的文字

案例 3-2　制作毛刺字

1. 案例分析及效果

本案例制作一个具有毛刺外观的特效文字，主要用到的工具是文本工具、墨水瓶工具和颜料桶工具。效果如图 3-7 所示。

2. 制作思路

(1) 利用文本工具写出文本。

(2) 用墨水瓶工具进行描边处理。

(3) 为文字着色。

(4) 利用渐变变形工具,对线条和填充色的颜色进行调整。

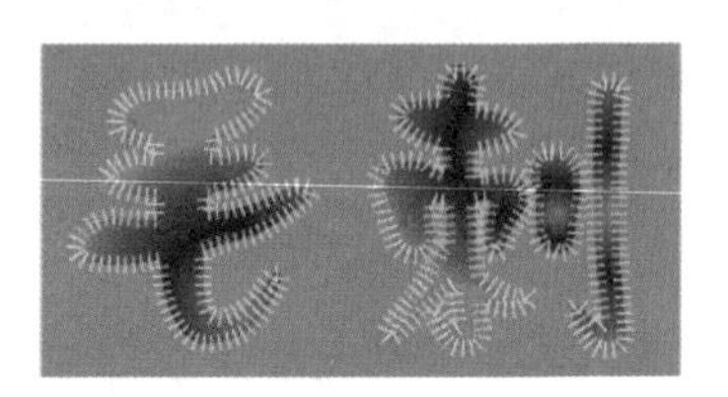

图 3-7　毛刺外观的特效文字

3. 案例实现过程

(1) 新建一个大小为 550×400 像素,帧频为 24fps 的文档。

(2) 单击“工具”面板中的文本工具按钮,在“属性”面板中进行如图 3-8 所示的设置,并在舞台中输入“毛刺”字,如图 3-9 所示。

(3) 使用选择工具选中文字,然后按 Ctrl+B 键两次分离文字,如图 3-10 所示。

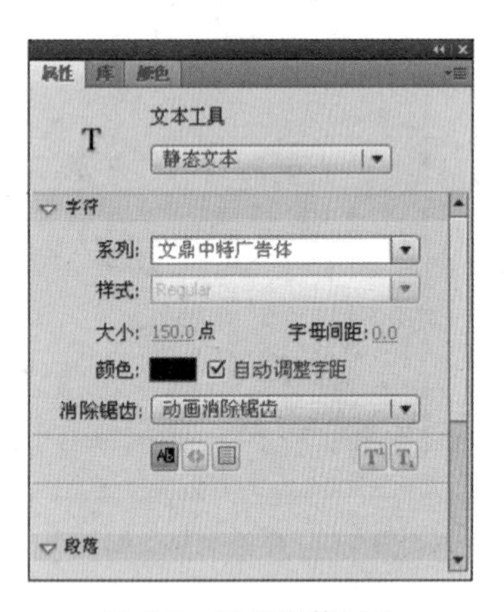

图 3-8　设置字体属性

图 3-9　输入文字

图 3-10　分离文字

(4) 保持对文字的选择,单击“工具”面板中的墨水瓶工具,在“属性”面板中设置笔触样式为“斑马线”,如图 3-11 所示。效果如图 3-12 所示。

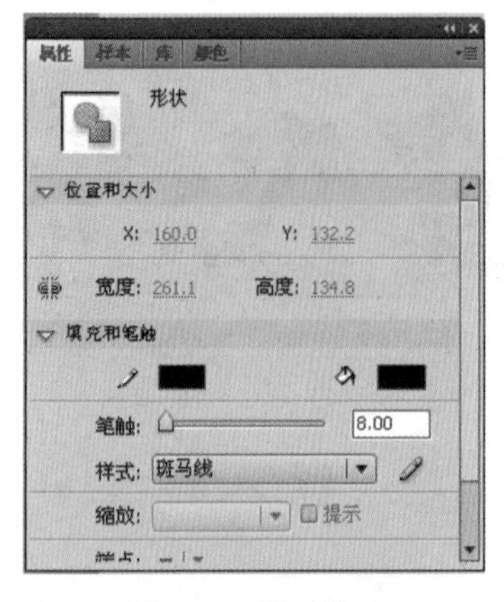

图 3-11　设置线型

图 3-12　文字初步效果

(5) 下面开始为文字着色。首先打开“颜色”面板，设置类型为“线型”，然后设置第 1 个色标颜色为(R:0,G:255,B:255)，第 2 个色标颜色为(R:255,G:255,B:0)，如图 3-13 所示，再使用墨水瓶工具用设置好的颜色填充线条，效果如图 3-14 所示。

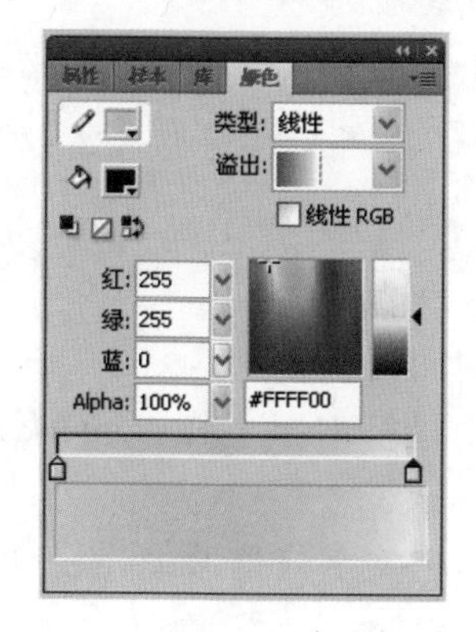

图 3-13 设置填充线条颜色

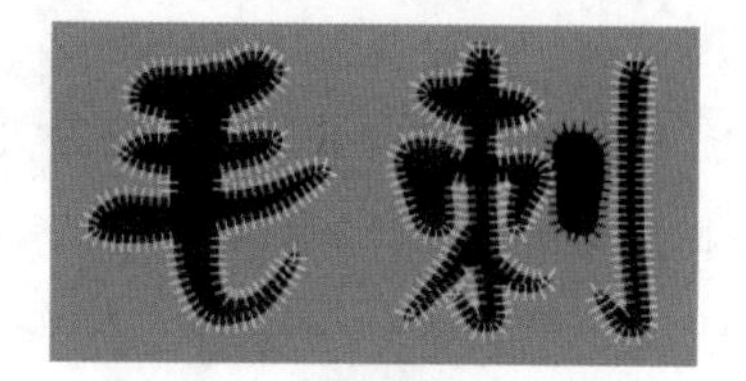

图 3-14 填充线条后的效果

(6) 单击“工具”面板中的颜料桶工具，打开“颜色”面板，设置类型为“放射状”，再设置第 1 个色标颜色为(R:255,G:0,B:0)，Alpha 为 0%；第 2 个色标颜色为(R:70,G:40,B:1)，Alpha 为 100%，第 3 个色标颜色为(R:220,G:135,B:4)，Alpha 为 100%，填充效果如图 3-15 所示。

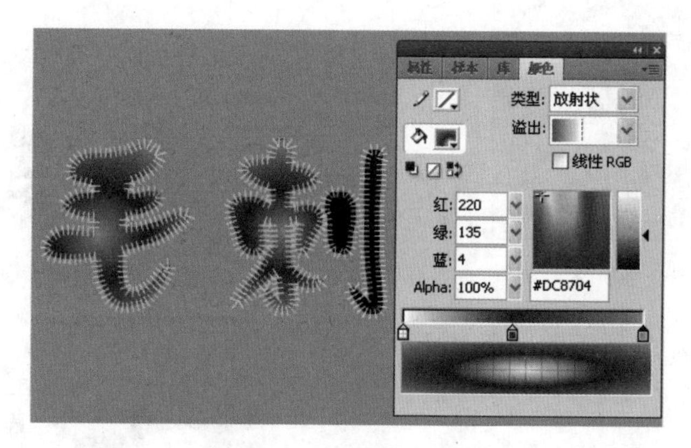

图 3-15 填充颜色后效果

(7) 单击“工具”面板中的渐变变形工具，对线条和填充物的颜色进行调整，最终效果如图 3-7 所示。

(8) 选择“文件”|“保存”菜单，输入文件名并保存当前文件。

案例 3-3 文字造型

1. 案例分析及效果

本案例是对文字做特殊造型，主要用到任意变形工具、“扭曲工具”和“封套工具”。效果如图 3-16 所示。

2. 制作思路

(1) 把文本分离，选择“工具”面板中的任意变形工具。

图 3-16　文字做特殊造型

（2）利用扭曲工具实现梯形文字造型。

（3）利用封套工具实现任意文字造型。

3. 案例实现过程

（1）新建一个大小为 550×400 像素，帧频为 24fps 的文档。

（2）单击“工具”面板中的文本工具，在“属性”面板中进行如图 3-17 所示的设置，并在舞台中输入“文字造型”4 个字，如图 3-18 所示。

（3）利用选择工具选中文字，连续按 Ctrl+B 键两次，把文字分离，如图 3-19 所示。

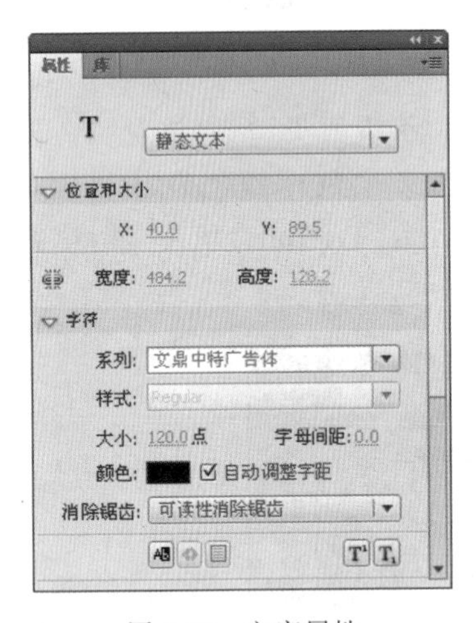

图 3-17　文字属性

图 3-18　输入文字

图 3-19　分离文字

（4）在工具箱中选择任意变形工具，再选择工具箱选项区的“扭曲”选项，“文字造型”4 个字就被控制文字变形的矩形外框包围，如图 3-20 所示。

图 3-20　文字被扭曲工具矩形框包围

（5）将光标指向左下角的控制点，光标变为白色空心箭头，拖动 4 个角的控制点成如图 3-21 所示的外观。

（6）在控制框外单击，就完成梯形造型，如图 3-22 所示。

图 3-21　利用控制点进行文字造型

图 3-22　梯形文字造型

（7）重复按 Ctrl＋Z 键，撤销前几步的操作，恢复到分离但没有变形的文字状态。

（8）选择任意变形工具，再选择工具箱选项区的封套工具，“文字造型”4 个字被控制文字变形的矩形外框包围，矩形外框四周布满控制点，如图 3-23 所示。

（9）将光标指向左下角、右下角、上边框中间的控制点，光标变形为白色空心箭头拖曳控制点成图 3-24 所示的外观。

图 3-23　文字被封套工具矩形外框包围

图 3-24　任意形状的文字造型

（10）在控制框外单击，完成任意形状文字的造型，如图 3-16 所示。

（11）选择“文件”|“保存”菜单，输入文件名并保存当前文件。

案例 3-4　制作荧光字

1. 案例分析及效果

本案例制作荧光字效果，主要用到“将线条转换为扩充”和“柔化填充边缘”两个特效选项。效果如图 3-25 所示。

图 3-25　荧光字效果

2. 制作思路

（1）将文字分离后使用墨水瓶工具进行描边处理。

（2）选择“修改”|“形状”|“将线条转换为填充”菜单，边框被转变成可填充区域。

（3）选择“修改”|“形状”|“柔化填充边缘”菜单，进行设置，使边框有模糊渐变特效。

3. 案例实现过程

（1）新建一个大小为 480×150 像素，帧频为 24fps 的文档，背景为深蓝色。

（2）单击“工具”面板中的文本工具，在“属性”面板中进行如图 3-26 所示的设置，并在舞台中输入“荧光文字”4 个字，如图 3-27 所示。

（3）使用选择工具选中文字，将文字移动到工作区中间。按 Ctrl＋B 键两次，将文字分离。效果如图 3-28 所示。

（4）选择“工具栏”中墨水瓶工具，将墨水瓶工具参数栏中线条颜色设置成明黄色，线条宽度设置成 1.0，将鼠标移动到工作区中，鼠标光标将变成墨水瓶形状，用鼠标依次单击文字边框，文字周围将出现明黄色边框。效果如图 3-29 所示。

（5）按 Delete 键删除填充区域，效果如图 3-30 所示。

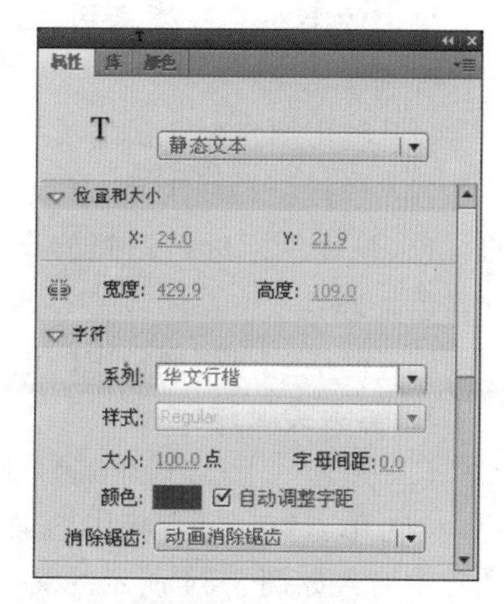

图 3-26　文档属性

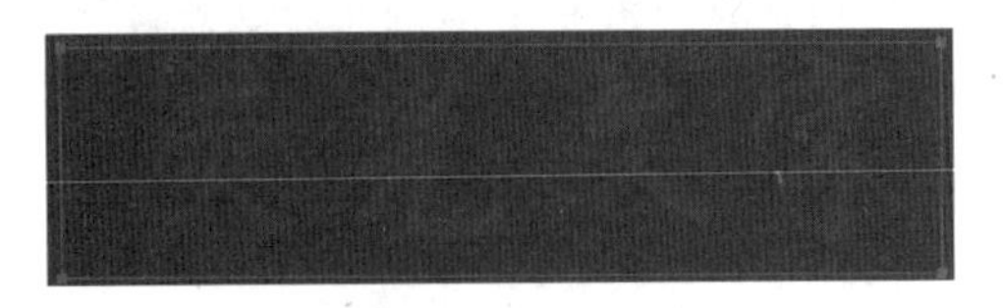

图 3-27　输入文字

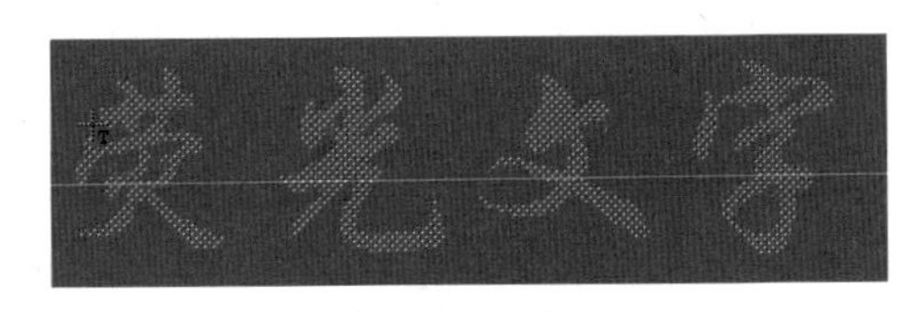

图 3-28　分离文字

图 3-29　为文本描边

图 3-30　删除文字填充区域

(6) 选择“工具栏”中的选择工具，按住键盘上的 Shift 键，依次双击每个字母外的明黄色边框，将它们全部选中，选择“修改”|“形状”|“将线条转换为填充”菜单，黄色边框被转变成可填充区域。

图 3-31　柔化填充边缘设置

(7) 选择“修改”|“形状”|“柔化填充边缘”菜单，再按照如图所示的参数设置“柔化填充边缘”对话框，进行如图 3-31 所示的设置，单击“确定”按钮，关闭对话框。

(8) 选择“工具栏”中的选择工具，在工作区的空白处单击鼠标，取消对文字边框的选择。这时可以看到，明黄色边线两边出现了模糊渐变，按 Ctrl+Enter 键预览最终效果，就可以看到如图 3-25 所示的漂亮荧光文字效果。

(9) 选择“文件”|“保存”菜单，输入文件名并保存当前文件。

案例 3-5　制作彩虹字

1. 案例分析及效果

本案例制作彩虹字，主要用到“颜料桶”工具的使用技巧和渐变变形工具，使文字具有彩虹效果。效果如图 3-32 所示。

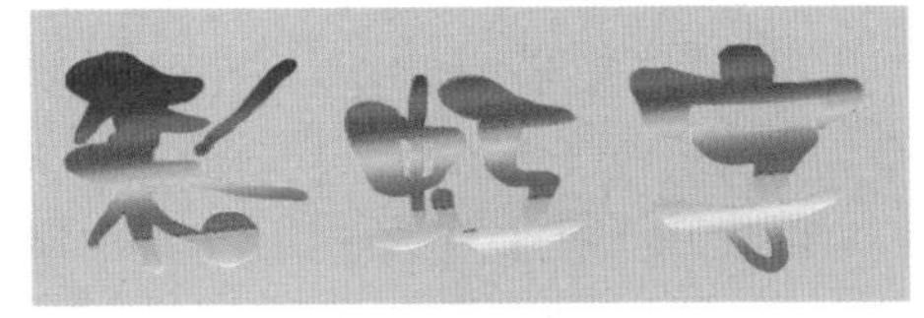

图 3-32　彩虹字效果

2. 制作思路

(1) 利用墨水瓶工具对文字进行描边处理。

(2) 选择颜料桶工具，修改其“颜色”面板中的参数，并对色标进行适当修改，然后对文字进行着色处理。

(3) 选择“工具”面板中的渐变变形工具，对文字进行颜色渐变处理。

3. 案例实现过程

(1) 新建一个大小为 550×400 像素，帧频为 24fps 的文档，背景为浅灰色。

(2) 单击“工具”面板中的文本工具，在“属性”面板中进行如图 3-33 所示的设置，并在舞台中输入如图 3-34 所示的文字。

(3) 利用选择工具选中文字，连续按 Ctrl+B 键两次，把文字分离，如图 3-35 所示。

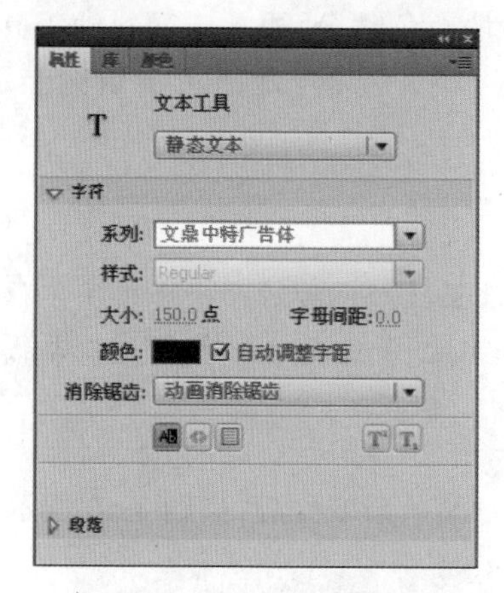

图 3-33　文本工具属性

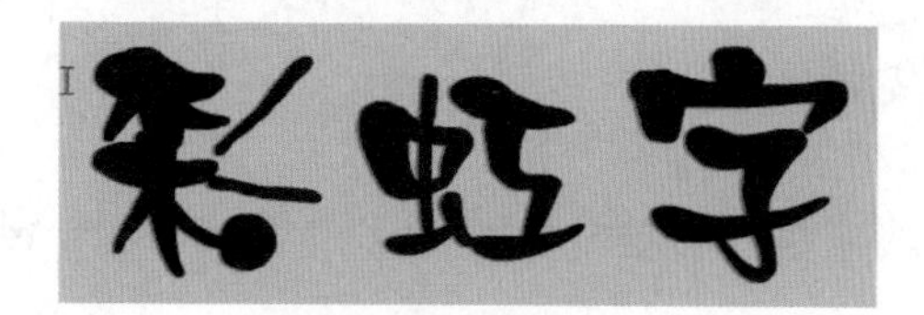

图 3-34　输入文字

(4) 单击“工具”面板中的墨水瓶工具,在其“属性”面板中进行如图 3-36 所示的设置。

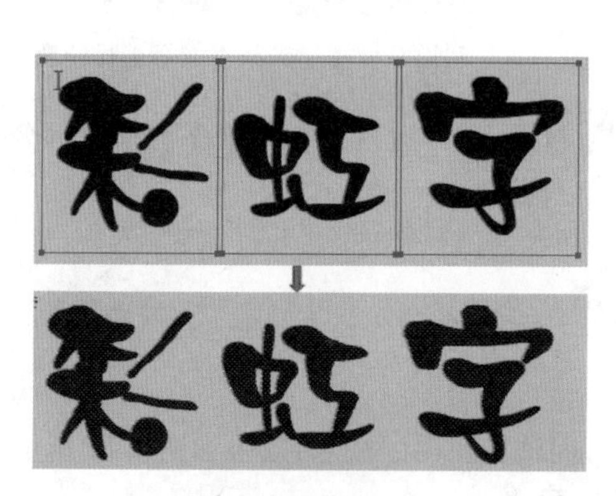

图 3-35　分离文字

图 3-36　墨水瓶工具的属性设置

(5) 使用墨水瓶工具对文字进行描边处理,如图 3-37 所示。

(6) 选择颜料桶工具,修改其“颜色”面板中的参数,并对色标进行适当修改,如图 3-38 所示的设置。

图 3-37　使用墨水瓶工具对文字处理

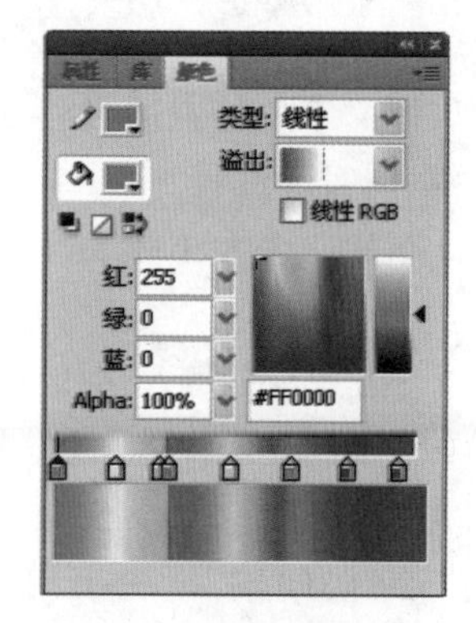

图 3-38　颜料桶颜色设置

(7) 单击选择工具，按住 Shift 键，选中所有文字的填充色部分，再单击颜料桶工具，从左边的文字开始，按住鼠标左键拖动至最右边的文字，松开左键，就把文字填充上了如图 3-39 所示的彩虹颜色。

> **知识链接：**
>
> 用鼠标对文字的着色方法通常有两种，第一种是设置好颜色后对每一个文字单独涂色；第二种方法是首先选择所有文字，再按住鼠标左键从任意角度进行着色。二者的效果是不同的。

(8) 选择“工具”面板中的渐变变形工具，对文字进行颜色渐变处理，如图 3-40 所示。

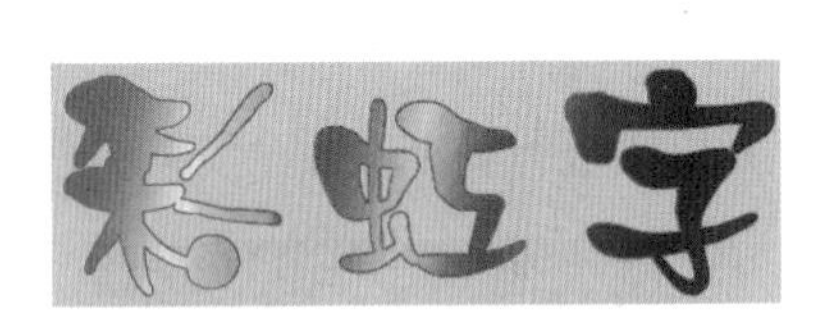

图 3-39　彩虹颜色

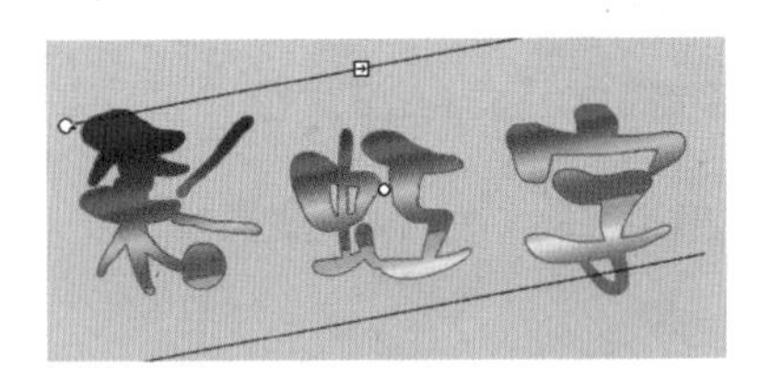

图 3-40　利用渐变变形工具对文字进行处理

(9) 对文字颜色处理完成后，单击选择工具，按住 Shift 键选择所有文字的描边部分，然后按 Delete 键删除，彩虹字就完成了，效果如图 3-32 所示。

(10) 选择“文件”|“保存”菜单，输入文件名并保存当前文件。

案例 3-6　制作阴影字

1. 案例分析及效果

本案例是制作文字的阴影效果，主要用到时间轴和图层的概念，效果如图 3-41 所示。

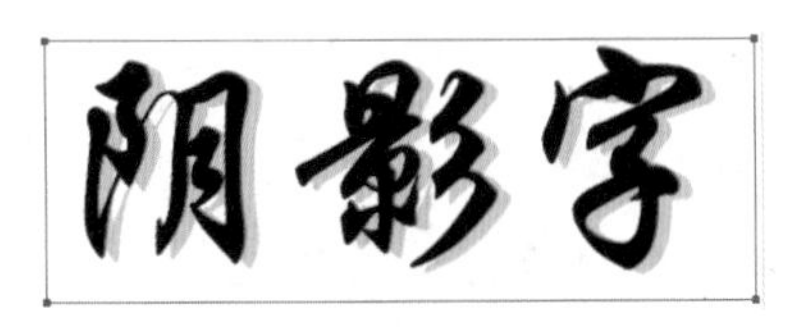

图 3-41　阴影字效果

2. 制作思路

(1) 利用文本工具制作文本，然后在“时间轴”面板上单击“新建图层”，新建一个图层 2。

(2) 复制图层 1 上的文本内容到图层 2 上。

(3) 对图层 2 上的文字进行分离处理，再利用颜料桶工具重新着色。

(4) 把文字的位置适当移动，直到具有阴影效果。

3. 案例实现过程

(1) 新建一个大小为 550×400 像素，帧频为 24fps 的文档。

(2) 单击“工具”面板中的文本工具，在其“属性”面板中进行如图 3-42 所示的设置，并在舞台中输入如图 3-43 所示的文字。

图 3-42　文本工具属性设置

(3) 在“时间轴”面板上单击“新建图层”，新建“图层 2”，如图 3-44 所示。

(4) 在“时间轴”面板上单击“图层 1”，用选择工具选中所输入的文字，按 Ctrl＋C 键进行复制，在单击“图层 2”，在舞台中按 Ctrl＋V 键，进行复制，如图 3-45 所示。

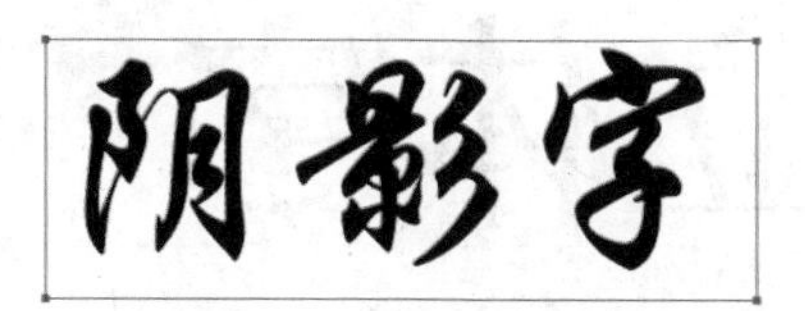

图 3-43　输入的文字

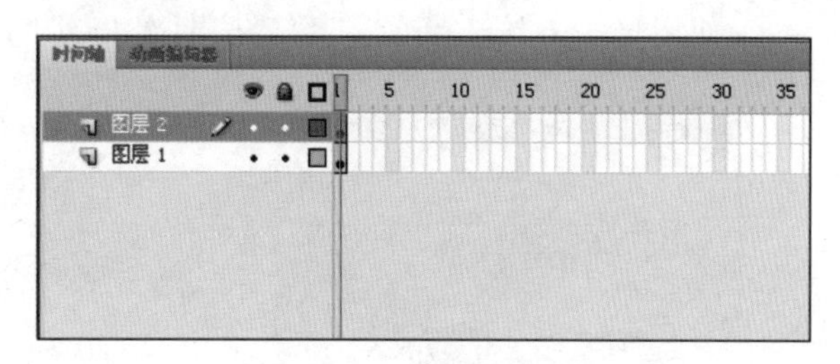

图 3-44　新建图层

(5) 在“图层 2”上选中文字，连续两次按 Ctrl＋B 键，把文字分离。再利用颜料桶工具对文字进行着色处理，如图 3-46 所示。

图 3-45　复制文字后的效果

图 3-46　在图层 2 对文字进行着色处理

(6) 在“图层 2”上利用选择工具选中文字，移动到适当的位置，就完成了阴影字，如图 3-41 所示的效果。

(7) 选择“文件”|“保存”菜单，输入文件名并保存当前文件。

案例 3-7　制作立体字

1. 案例分析及效果

本案例制作的是文字的立体效果，主要用到任意变形工具、线条工具、颜料桶工具、橡皮擦工具和渐变变形工具等，效果如图 3-47 所示。

立体字

图 3-47　立体字效果

2. 制作思路

(1) 把文字打散之后，再利用 Ctrl＋G 组合图形，并复制一份文字作为副本。

(2) 对副本文字进行分离和着色处理。

(3) 调整好副本位置，利用任意变形工具对文字进行倾斜。

(4) 利用线条工具进行连接，使文字具有立体感基础。

(5) 利用颜料桶工具对不同部位进行着色。

(6) 利用橡皮擦工具擦除所有线条，然后利用渐变变形工具进行，对填充颜色进行调整。

3. 案例实现过程

(1) 新建一个大小为 550×400 像素，帧频为 24fps 的文档。

(2) 单击“工具”面板中的文本工具，在“属性”面板中进行如图 3-48 所示的设置，并在舞台中输入“立体字”，如图 3-49 所示。

(3) 使用选择工具选择文字，然后按两次 Ctrl+B 键分离文字，如图 3-50 所示。

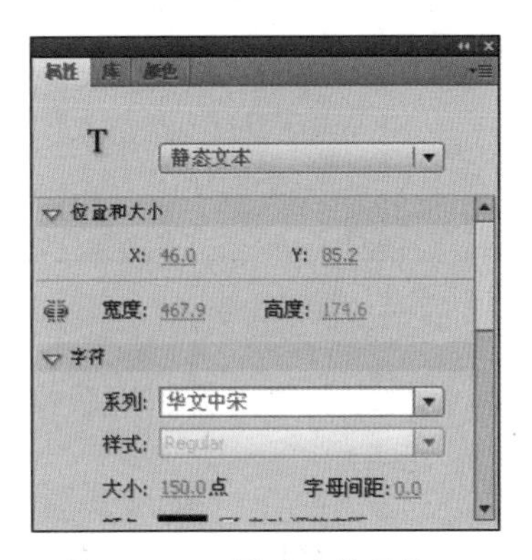

图 3-48　设置字体属性

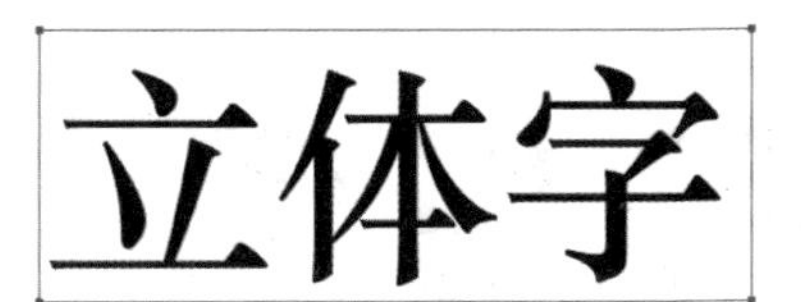

图 3-49　输入文字

图 3-50　分离文字

(4) 保持对文字的选择，然后按 Ctrl+G 键组合图形，再按 Ctrl+D 键复制一份文字，如图 3-51 所示。

(5) 使用选择工具调整好文字副本的位置，再按 Ctrl+B 键分离副本文字，设置文字颜色为红色，如图 3-52 所示。

图 3-51　直接复制图形

图 3-52　调整文字颜色

(6) 选择所有图形，然后使用任意变形工具对其进行倾斜处理，如图 3-53 所示。

(7) 选中所有图形，按 Ctrl+B 键分离文字，再使用线条工具将背影文字和主体文字的端点连接起来，如图 3-54 所示。

图 3-53　倾斜文字

图 3-54　连接文字的端点

(8) 使用“颜料桶”工具根据光照方向为文字填充颜色，顶部填充色为(R:255，G:55，B:55)，右侧填充色为(R:145，G:2，B:2)，内侧填充色为(R:68，G:2，B:2)，效果如图 3-55 所示。

知识链接：

在为文字填充颜色前首先要确定光照的方向，一般情况下，光线从左上角或右上角照入，从本例来看，从左上角照入最合适。

(9) 修改“颜料桶”的设置，填充正面颜色，设置类型为“放射状”，然后设置第 1 个色标的颜色为(R:255,G:0,B:0)，Alpha 为 0%；第 2 个色标颜色为(R:0,G:0,B:0)，Alpha 为 100%，最后调整好渐变样式，如图 3-56 所示。

图 3-55 填充颜色

图 3-56 填充字母的正面颜色

(10) 使用选择工具选中所有字母，单击“工具”面板中的橡皮擦工具，选择“工具”面板下面相应的“橡皮擦”模式下拉菜单中的“擦除线条”选项，擦除掉所有的线条。效果如图 3-57 所示。

(11) 单击“工具”面板上的渐变变形工具，对填充颜色进行调整，如图 3-58 所示。

图 3-57 擦除掉所有的线条

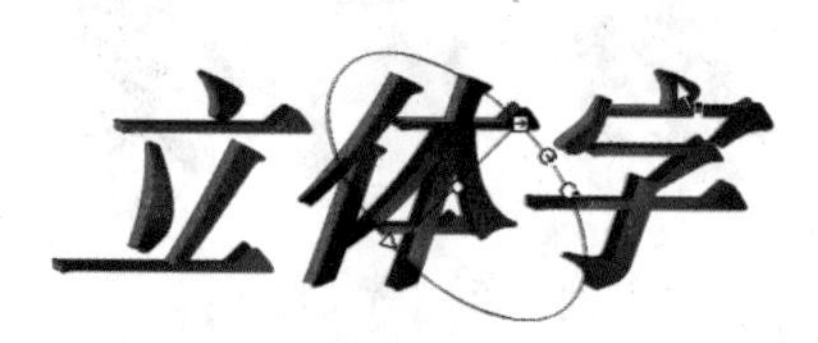

图 3-58 用渐变变形工具进行修饰

(12) 最后效果如图 3-47 所示。

(13) 选择“文件”|“保存”菜单，输入文件名并保存当前文件。

案例 3-8 制作彩图字

1. 案例分析及效果

本案例是制作一个具有彩图底色的特效文字，主要用到墨水瓶工具和外部文件作为素材导入的方法，效果如图 3-59 所示。

图 3-59 彩图字

2. 制作思路

(1) 利用墨水瓶工具对文字进行描边处理，然后删除文字填充物，然后把空心的文字剪切到剪贴板上。

(2) 利用外部素材导入的方法导入一幅图片，把图片分离，然后把剪贴板上的文字粘贴至图片的合适位置。

(3) 删除文字以外的图片部分，就做成了彩图字。

3. 案例实现过程

(1) 新建一个大小为 550×400 像素，帧频为 24fps 的文档，选择“修改”|“文档”菜单，在弹出的“文档属性”对话框中做一些修改，如图 3-60 所示。

(2) 单击“确定”按钮，完成对文档属性的修改。再单击“工具”面板中的文本工具按钮，并在其“属性”面板中进行如图 3-61 所示的设置，然后在舞台中输入“彩图字”3 个字，如图 3-62 所示。

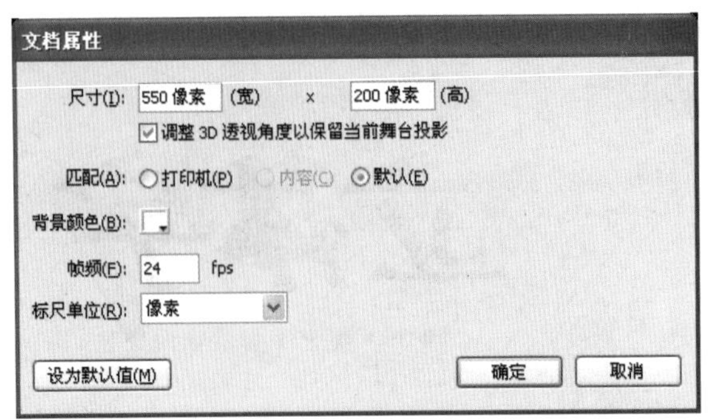

图 3-60 文档属性

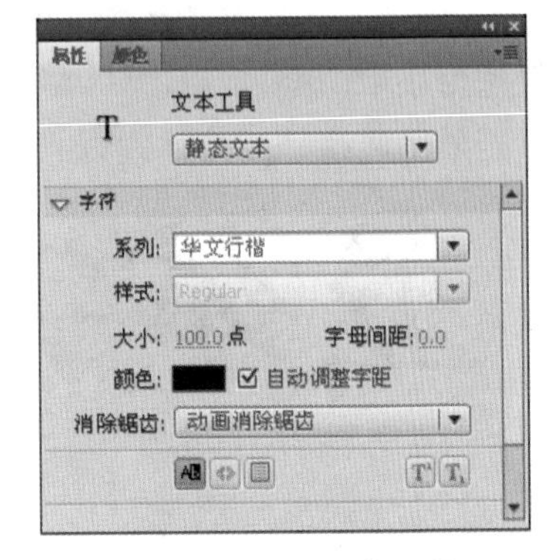

图 3-61 设置字体属性

(3) 使用选择工具选中文字,然后按 Ctrl+B 键两次分离文字,如图 3-63 所示。

图 3-62 输入文字

图 3-63 分离文字

(4) 单击“工具”面板中的“墨水瓶工具”按钮,然后在“属性”面板中设置,如图 3-64 所示。用墨水瓶工具对文字进行描边处理后,效果如图 3-65 所示。

(5) 然后选中文字的填充部分,按 Delete 键进行删除,结果如图 3-66 所示。

图 3-64 设置墨水瓶属性

图 3-65 对文字描边处理

图 3-66 删除文字填充部分后效果

(6) 利用选择工具选中文字,按 Ctrl+X 键,把文字的轮廓剪切到剪贴板上。然后选择“文件”|“导入”|“导入到舞台”菜单,从已准备好的素材里选择一幅合适的图片导入到舞台,调整好位置,如图 3-67 所示。

(7) 选中导入的图片,按 Ctrl+B 键,对图片做分离处理。然后按 Ctrl+Shift+V 键,把文字轮廓从剪贴板粘贴到舞台上,如图 3-68 所示。

(8) 单击文字以外的部分,按 Delete 键,删除图片的其余部分,彩图字就完成了。效果如图 3-59 所示。

图 3-67　导入图片

图 3-68　粘贴文字到舞台

(9) 选择“文件”|“保存”菜单，输入文件名并保存当前文件。

案例 3-9　制作金属字

1. 案例分析及效果

本案例是制作具有金属效果的文字，主要用到了“图形元件”、颜料桶工具的“渐变效果”等概念，效果如图 3-69 所示。

2. 制作思路

(1) 将文字分离，然后利用墨水瓶工具进行描边。

(2) 选中文字的填充部分，把其转换为图形元件 1，然后删除填充色。

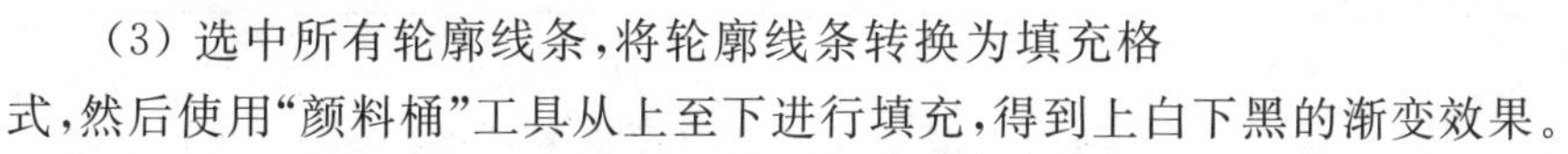

图 3-69　金属字

(3) 选中所有轮廓线条，将轮廓线条转换为填充格式，然后使用“颜料桶”工具从上至下进行填充，得到上白下黑的渐变效果。

(4) 选中文字的线条，将画好的渐变边框转化为图形元件 2。

(5) 进入编辑元件 1 的状态，将元件 1 填充方式设定为“线性渐变”填充方式，文字应用新调好的渐变色。

(6) 将元件 1 拖到舞台上，并与已存在的边框对齐，按 Ctrl+G 键，将边框和文字内容组成群组，就完成了金属字的制作。

3. 案例实现过程

(1) 新建一个大小为 550×400 像素，帧频为 24fps 的文档。

(2) 单击“工具”面板中的文本工具，在“属性”面板中进行如图 3-70 所示的设置，并在舞台中输入“金属字”3 个字，如图 3-71 所示。

(3) 选中刚输入的文字，按两次 Ctrl＋B 键，将文字进行分离操作。效果如图 3-72 所示。

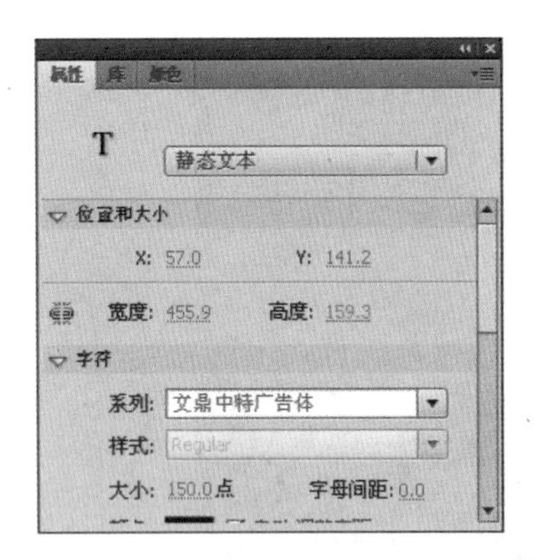

图 3-70　文本属性设置

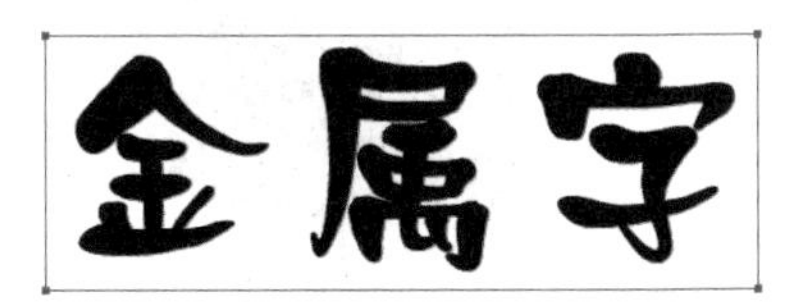

图 3-71　输入文字

图 3-72　分离后的文字效果

(4) 选择“工具”面板中的墨水瓶工具，其“属性”面板的参数设置如图 3-73 所示，在工作区依次单击几个文字为它们加上边框，效果如图 3-74 所示。

图 3-73　“属性”面板

图 3-74　墨水瓶工具给文字加上边框

(5) 选中文字中的填充部分，按 F8 键，打开“转换为元件”对话框，如图 3-75 所示单击确定，将选中的区域转换为图形元件。

知识链接：

在 Flash 中，把图形转换为“元件”后，在做动画时就可以方便地多次调用，同时便于修改。

(6) 然后按 Delete 键，删掉填充色，这时将只剩下红色的轮廓线条，效果如图 3-76 所示。

(7) 按 Ctrl＋A 键，选中所有轮廓线条。然后选择“修改”|“形状”|“将线条转换为填充”菜单，将轮廓线条转换为填充格式，线条转为填充后的效果如图 3-77 所示。

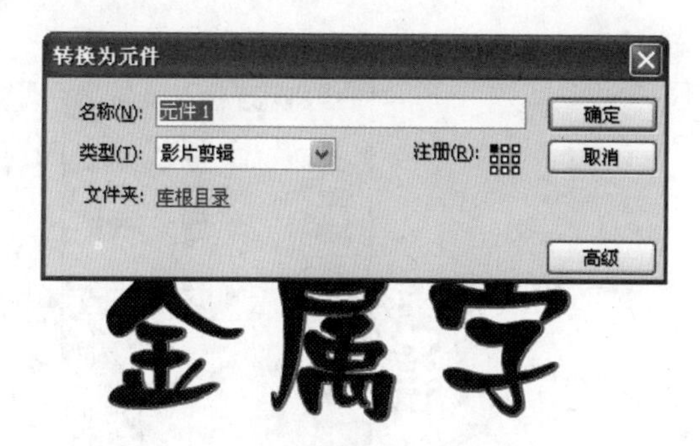

图 3-75 “转换为元件”对话框

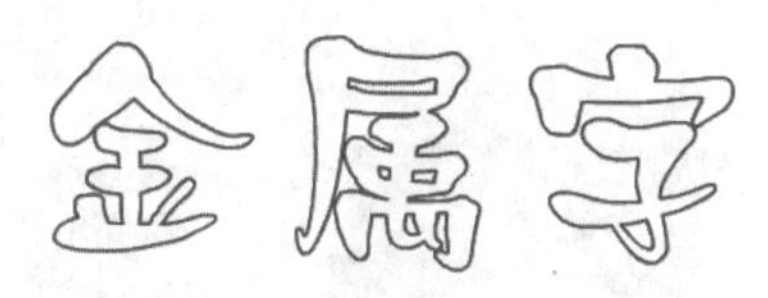

图 3-76 删除后的文字效果

(8) 从“工具”面板中选中颜料桶工具，将填充色设定为黑白渐变填充，然后使用颜料桶工具从上至下进行填充，得到上白下黑的渐变效果，如图 3-78 所示。

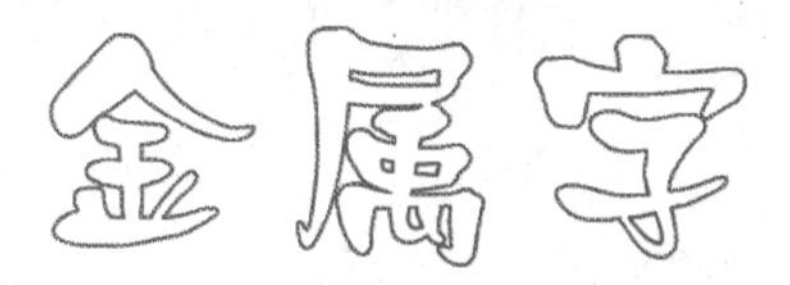

图 3-77 线条转为填充后的效果

图 3-78 线条填充后的效果

(9) 参照第 5 步，选中文字的线条，直接按 F8 键，打开“转换为元件”对话框，如图 3-79 所示。单击“确定”按钮，将画好的渐变边框转化为图形元件。

(10) 单击“编辑元件”按钮，从弹出的下拉菜单中选择“元件 1”菜单，进入编辑元件 1 的状态。然后选择“窗口”|“颜色”菜单，将填充方式设定为“线性”填充方式，参数设置和色标如图 3-80 所示。

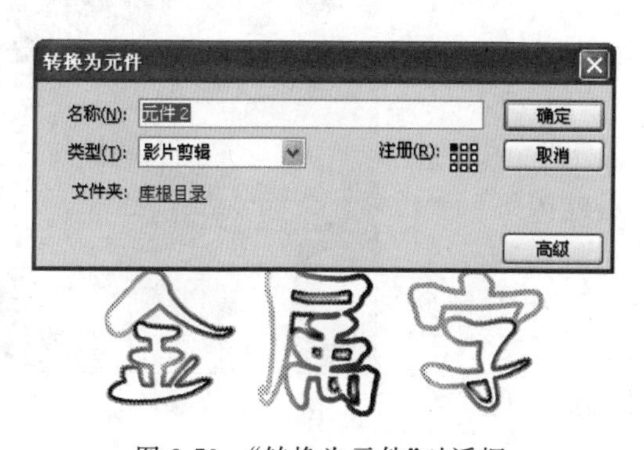

图 3-79 “转换为元件”对话框

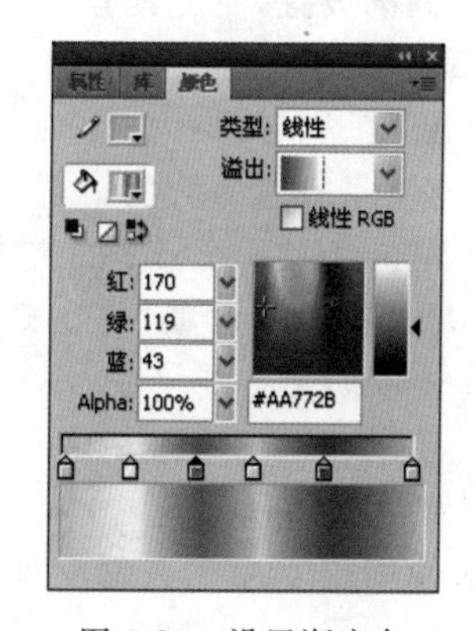

图 3-80 设置渐变色

(11) 参照边框的上色方法，给元件 1 中的文字应用新调好的渐变色，如图 3-81 所示。

(12) 回到主场景，按 Ctrl+L 键，打开“库”面板，如图 3-82 所示。

(13) 将库中的“元件 1”拖到舞台上，并与已存在的边框对齐，选择“修改”|“组合”菜单或直接按 Ctrl+G 键，将边框和文字内容组成群组，如图 3-69 所示。这样金属文字就制作完成，发布电影就可以看见漂亮的金属文字了。

(14) 选择“文件”|“保存”菜单，输入文件名并保存当前文件。

图 3-81　应用渐变色后的文字效果

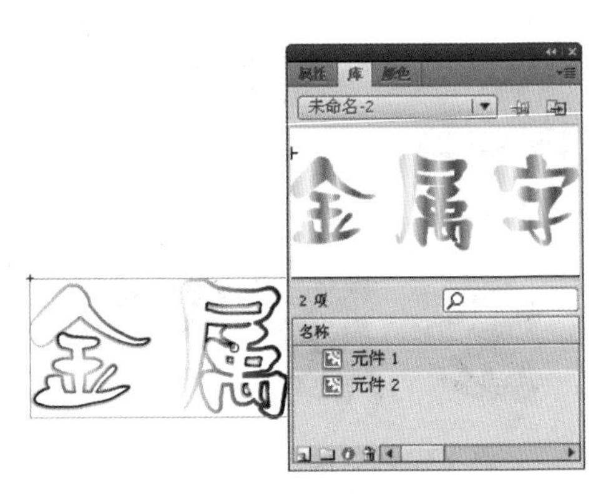

图 3-82　“库”面板属性

案例 3-10　制作霓虹字

1. 案例分析及效果

本案例是制作一个具有霓虹灯效果的文字，这里主要引入了“影片剪辑”、“滤镜”和“补间动画”等概念，效果如图 3-83 所示。

图 3-83　霓虹灯文字

2. 制作思路

(1) 将文字进行描边处理后，删除文字的填充色，得到字体的轮廓。

(2) 选中所有文字，将其转换为“影片剪辑”元件。

(3) 然后返回到“主场景”，并为文字添加两个“发光”滤镜和一个“模糊”滤镜。

(4) 然后制作传统的补间动画，在“时间轴”面板的不同帧进行不同的设置，使之具有霓虹效果。

3. 案例实现过程

(1) 新建一个大小为 550×400 像素，帧频为 24fps 的文档，设置背景颜色为灰色。

(2) 单击“工具”面板中的文本工具，在“属性”面板中进行如图 3-84 所示的设置，并在舞台中输入“霓虹闪烁”4 个字，如图 3-85 所示。

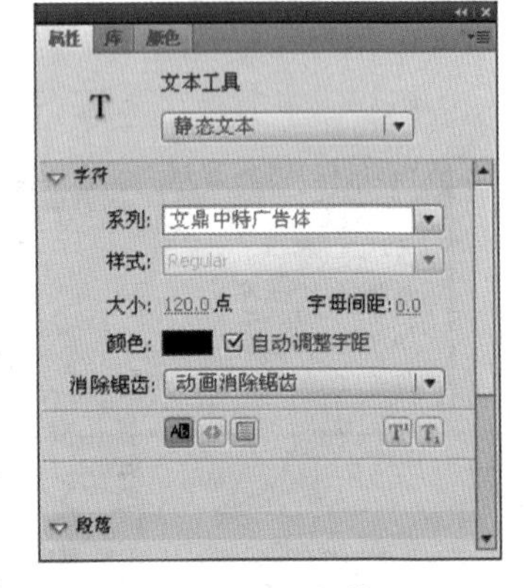

图 3-84　设置字体属性

(3) 使用选择工具选中文字，然后按两次 Ctrl+B 键分离文字，如图 3-86 所示。

(4) 使用墨水瓶工具对文字图形进行描边，如图 3-87 所示。

(5) 用选择工具选中文字的填充色部分，然后删除填充色，得到字体的轮廓，效果如图 3-88 所示。

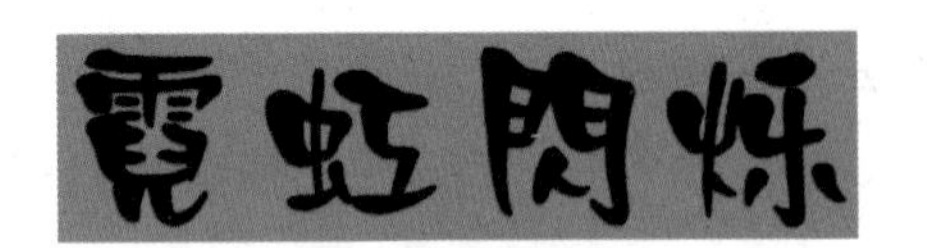

图 3-85　输入文字

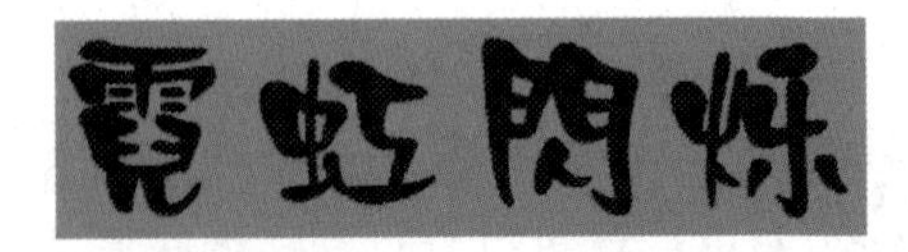

图 3-86　分离文字

图 3-87　用墨水瓶工具填充线条

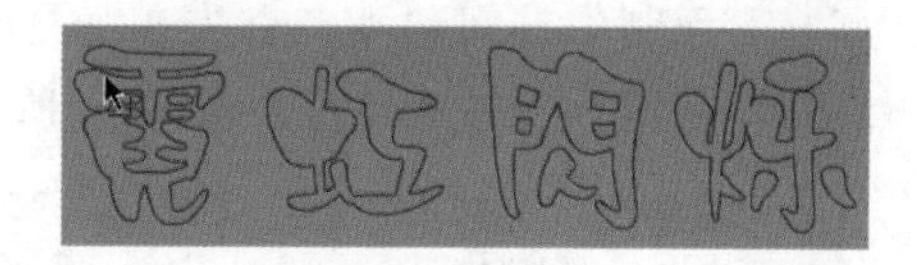

图 3-88　删除填充色得到文字的轮廓

(6) 选中所有文字，按 F8 键将其转换为影片剪辑元件，如图 3-89 所示。

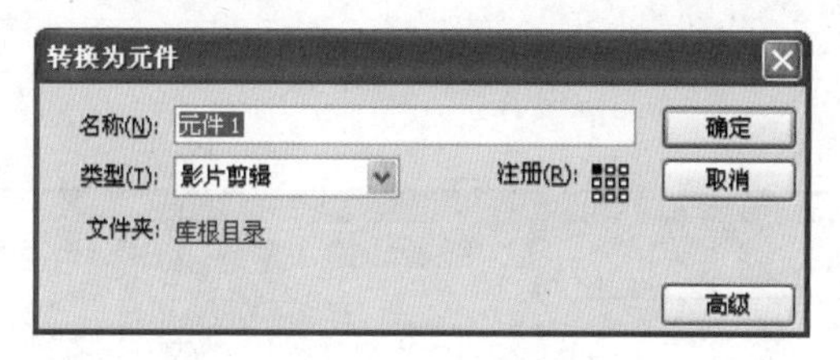

图 3-89　将文字转换为影片剪辑元件

知识链接：

滤镜可以添加在文本、影片剪辑元件和按钮元件上。由于上述文本已经被转化为图形，不能直接添加滤镜，所以先将其转换为影片剪辑元件。

(7) 然后返回到“主场景”，并为文字添加两个“发光”滤镜，具体参数设置如图 3-90 所示，效果如图 3-91 所示。

(8) 为了保证下一步制作动作时让文字产生模糊的过渡效果，需要再为文字添加一个“模糊”滤镜，具体参数如图 3-92 所示。

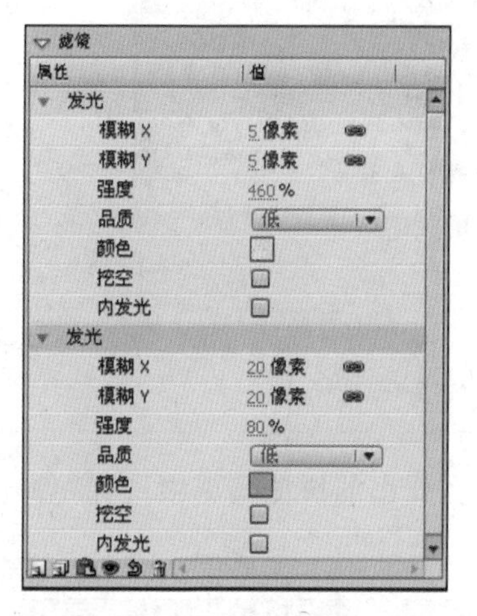

图 3-90　添加滤镜

图 3-91　“发光”滤镜效果

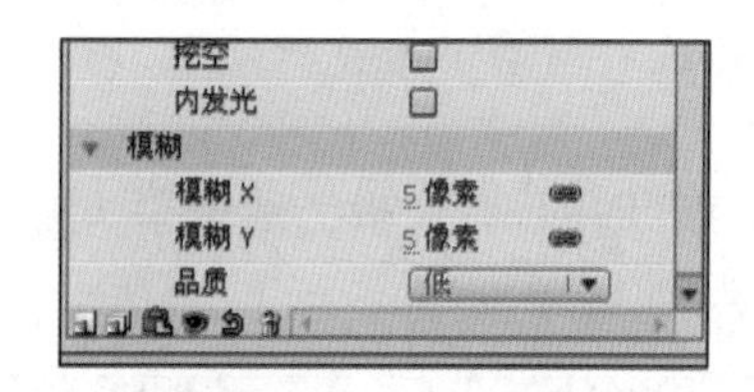

图 3-92　添加“模糊”滤镜

知识链接：

在 Flash CS4 中，制作传统补间动画时首先要确定和插入关键帧，每一个图层的时间轴上的第一帧都默认是关键帧。

(9) 下面制作补间动画。首先在“时间轴”面板上单击第 25 帧，选中该帧，如图 3-93 所示，然后按 F6 键插入关键帧，如图 3-94 所示。

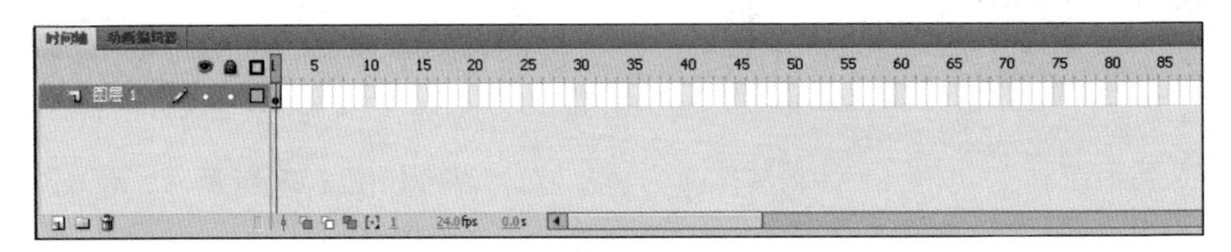

图 3-93　选中帧

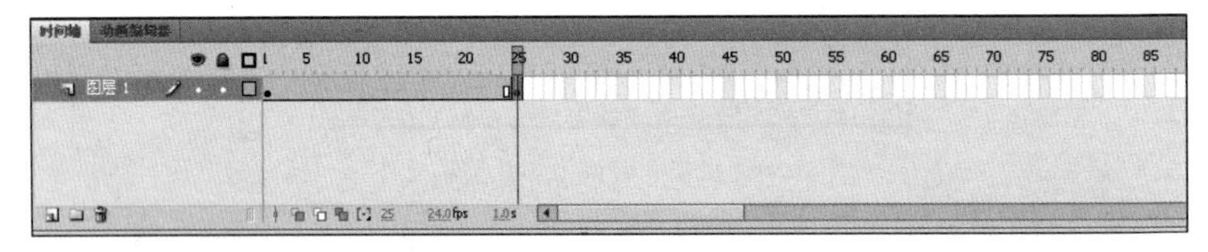

图 3-94　插入关键帧

(10) 在第 25 帧处将影片剪辑的第 1 个“发光”滤镜和“模糊”滤镜进行如图 3-95 所示的设置。

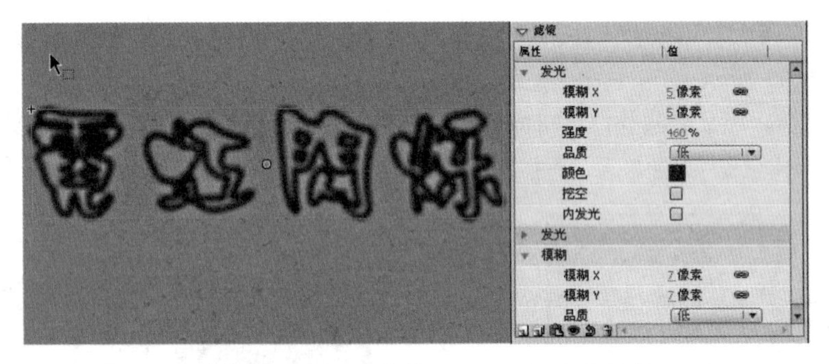

图 3-95　调整滤镜参数及调整后的文字效果

知识链接：

在传统补间动画的关键帧中，影片剪辑的滤镜个数要保持一致。

(11) 在“时间轴”面板上选中第 1 帧，然后右击，并在弹出的快捷菜单中选择“创建传统补间”菜单，如图 3-96 所示。

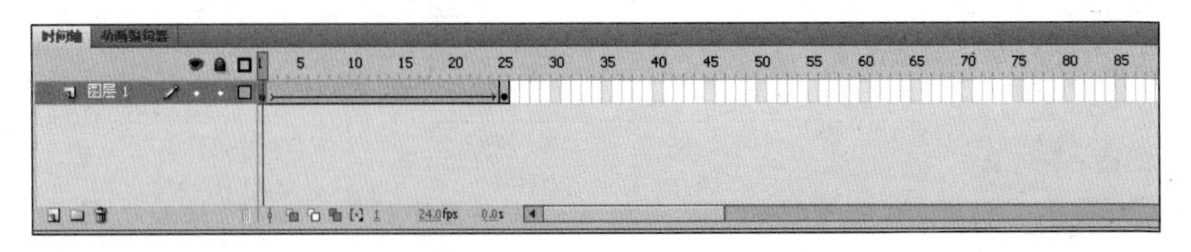

图 3-96　创建传统补间动画

(12) 在"时间轴"面板上选中第 50 帧,再按 F6 键插入关键帧,然后在"属性"面板中将影片剪辑的滤镜参数进行调整,如图 3-97 所示。

(13) 在"时间轴"面板上选中第 25 帧,然后为该帧添加传统的补间动画,再选中第 75 中,按 F6 键插入关键帧,最后将影片剪辑的滤镜参数进行如图 3-98 所示的调整。

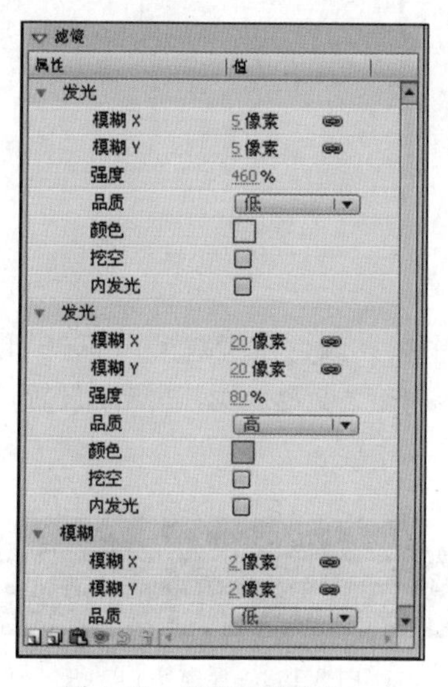

图 3-97　调整滤镜参数一

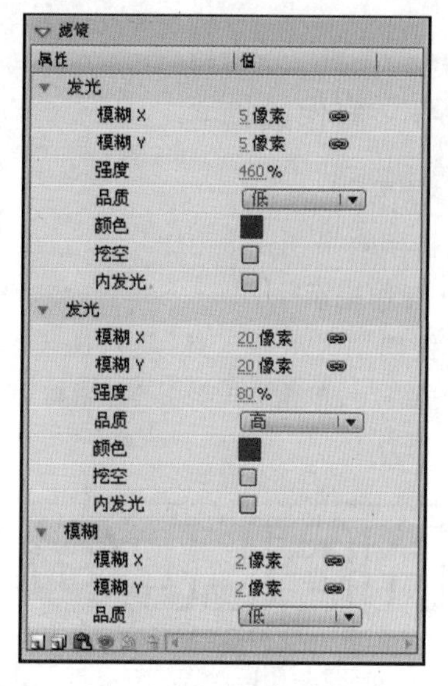

图 3-98　调整滤镜参数二

(14) 在"时间轴"面板上选中第 50 帧,然后为该帧添加传统补间动画,再选中第 90 帧,按 F6 键插入关键帧,最后将影片剪辑的滤镜参数进行如图 3-99 所示的调整。

(15) 在"时间轴"面板上选中第 75 帧,然后为该帧添加传统补间动画,再选中第 105 帧,按 F6 键插入关键帧,最后将影片剪辑的滤镜参数进行如图 3-100 所示的调整。

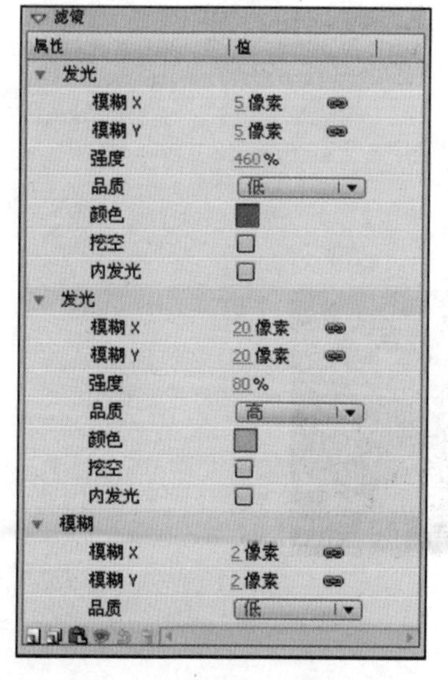

图 3-99　调整滤镜参数三

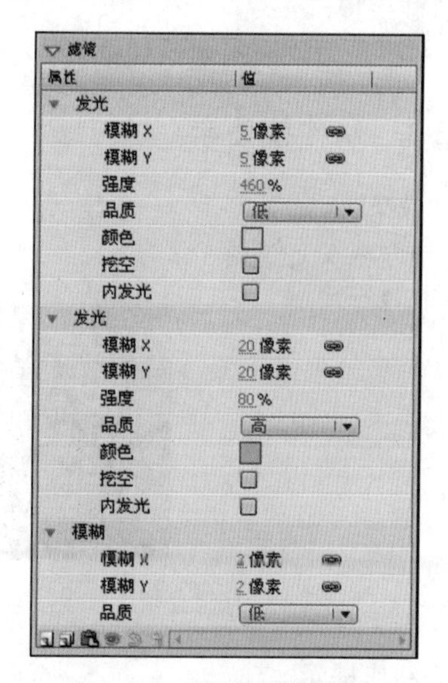

图 3-100　调整滤镜参数四

(16) 在“时间轴”面板上选中第 90 帧，然后为该帧添加传统补间动画，再按 Ctrl+Enter 键，发布动画，最终效果如图 3-83 所示。

(17) 选择“文件”|“保存”菜单，输入文件名并保存当前文件。

3.2 实战演习

实战 3-1 制作线框字

1. 效果

线框字效果如图 3-101 所示。

2. 制作提示

主要使用墨水瓶工具，墨水瓶工具的属性参数栏中线条颜色设置成#FF0000 颜色，宽度设置成 4.0，单击“自定义”按钮打开线型对话框中，将线型设置成圆点，点距设置成 0.5，粗细设置为 4。

图 3-101 线框字

图 3-102 浮雕字

实战 3-2 制作浮雕字

1. 效果

浮雕字效果如图 3-102 所示。

2. 制作提示

要巧妙应用不同图层之间的排序，3 个不同的图层即可实现这一效果。

实战 3-3 制作镜面字

1. 效果

镜面字效果如图 3-103 所示。

图 3-103 镜面字

2. 制作提示

(1) 启动 Flash CS4，新建一个空白文档，在“属性”面板中设置其尺寸为 550×400，选择一种颜色作为背景色。

(2) 单击“工具”面板中的矩形工具，将笔触色设定为无，填充色设定为比背景色稍深点的颜色，用矩形工具在舞台上画一个大矩形，盖住舞台的下半部分。

(3) 在舞台的上方利用文本工具输入“镜面文字”4 个字。

(4) 选择“编辑”|“复制”菜单或直接按 Ctrl＋D 键，复制 4 个字，选择“修改”|“变形”|“垂直翻转”菜单，将 4 个复制文字垂直翻转。

实战 3-4　放大镜效果的字

1. 效果

放大镜效果如图 3-104 所示。

图　3-104

2. 制作提示

综合运用遮罩功能，将小文字层反遮罩，放大文字遮罩，最后在上面加上一个来回运动的放大镜，形成视觉上的同步效果，从而制作具有放大效果的文字。

第4章　基本动画

【学习目标】

(1) 了解基础动画的基本知识，熟练掌握创建基础动画的方法，并能对相关属性进行设置。

(2) 熟练掌握逐帧动画的添加和设置方法。

(3) 熟练掌握传统补间的添加和设置方法。

(4) 熟练掌握补间形状的添加和设置方法。

(5) 熟练掌握补间动画的添加和设置方法。

(6) 会制作典型的基础动画效果，如美女走路、打字效果、花朵盛开、爱神之箭穿心、水滴滴落效果、海底世界等。

【本章综述】

利用 Flash 可以制作很多复杂、生动的动画效果。在 Flash CS4 中，动画可以分为逐帧动画、传统补间动画、形状补间动画和可以利用编辑器进行编辑的补间动画。下面以案例的形式来介绍各类动画的具体知识。

4.1　案　　例

案例 4-1　美女走路

1. 案例分析及效果

本案例利用逐帧动画的知识制作美女走路的效果。动画播放时，动画中的女孩模仿现实生活中人走路的样子，身体各部位动作协调，动画效果美观。效果如图 4-1 所示。

图 4-1　美女走路

2. 制作思路

(1) 创建一个背景图层，导入图片，调整图片的大小和位置。

(2) 利用导入序列图片的方法将图片导入到舞台，并建立关键帧。

(3) 利用编辑多帧的方法同步调整序列图片的大小和位置。

(4) 通过插入普通帧的方法调整美女走路的速度。

3. 案例实现过程

(1) 新建一个大小为 550×400 像素，帧频为 24fps 的文档。

(2) 将默认的“图层 1”修改为“背景 1”。选择“文件”|“导入”|“导入到舞台”菜单，选择 bk.jpg 图片文件，将其导入到舞台，并调整其位置，如图 4-2 所示。

图 4-2　导入背景图片

(3) 在“时间轴”面板上第 24 帧处右击，从弹出的快捷菜单中选择“插入关键帧”菜单，如图 4-3 所示。

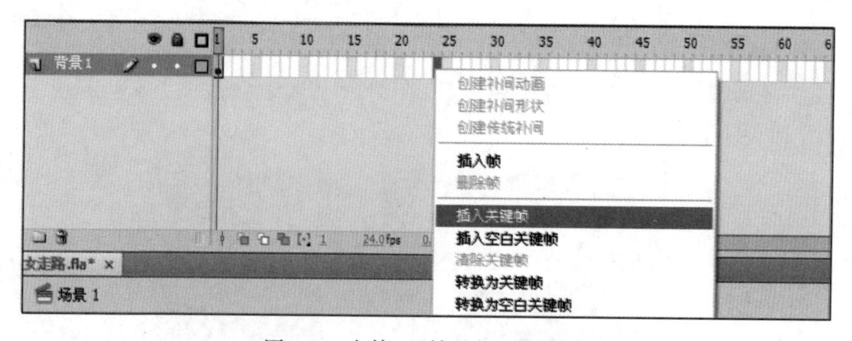

图 4-3　在第 24 帧处插入关键帧

知识链接：

帧是构成 Flash 动画的基本单位，每一个精彩的 Flash 动画都是由很多个精心雕琢的帧构成的，在时间轴上的每一帧都可以包含需要显示的所有内容，包括图形、声音、各种素材和其他多种对象。

帧一般分为 3 种类型：普通帧（显示矩形框）、关键帧（显示实心圆圈）和空白关键帧（显示空心圆圈）。普通帧指在时间轴上能显示包含的内容，但不能对内容对象进行编辑操作的帧；关键帧是指有关键内容的帧，用来定义动画变化、更改状态的帧，即显示舞台上存在的内容对象并可对其进行编辑的帧；空白关键帧是没有包含舞台上的内容对象的帧。

(4) 在“背景 1”上方新建一图层，命名为“走路”，如图 4-4 所示。

(5) 选择“走路”图层的第 1 帧，选择“文件”|“导入”|“导入到舞台”菜单，选择“走路 1”

图片文件,将其导入到舞台,弹出如图 4-5 所示对话框,单击“是”按钮。导入后,图片将按顺序在“走路”图层的时间轴上建立关键帧,如图 4-6 所示。

(6) 单击“编辑多个帧”图标,并调整绘图纸外观的范围为第 1～24 帧,如图 4-7 所示。

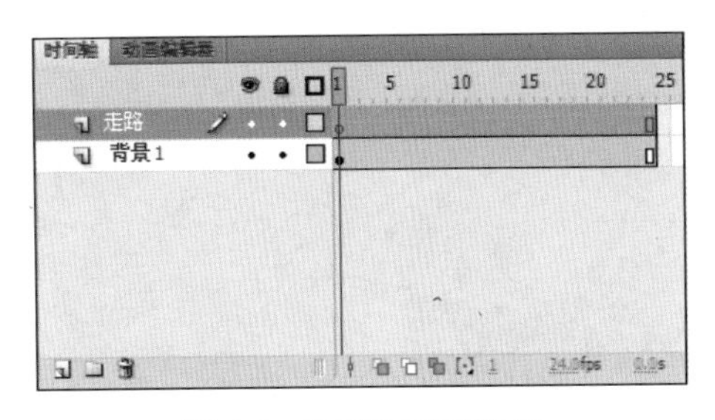

图 4-4　新建“走路”图层

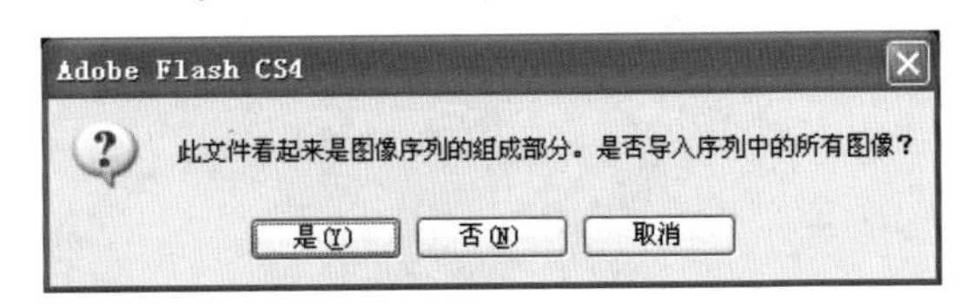

图 4-5　序列图片导入对话框

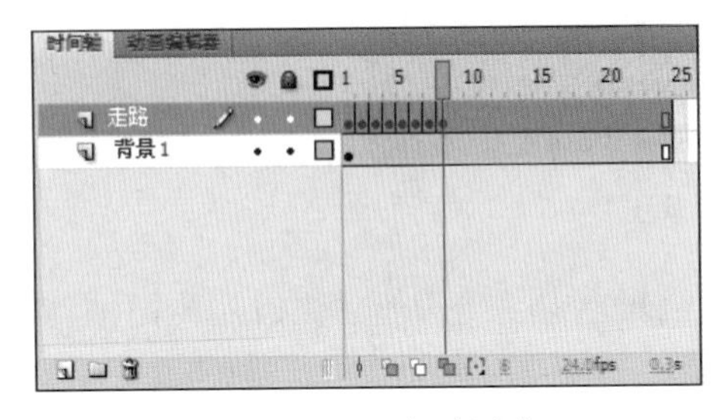

图 4-6　导入序列图片

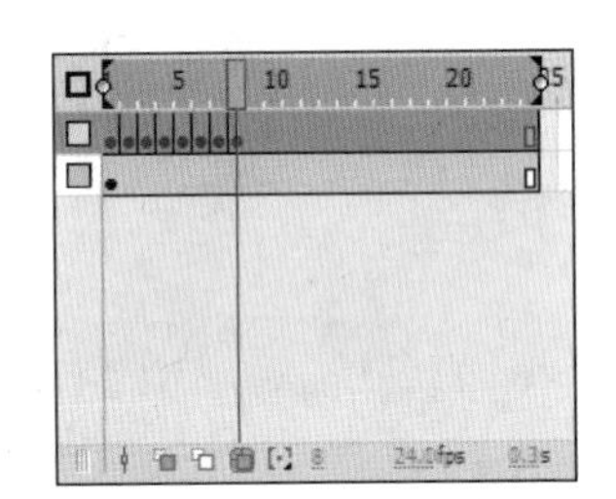

图 4-7　利用绘图纸外观同时编辑多帧

(7) 锁定“背景”图层,然后单击选择工具,在舞台上选中女孩图片,单击任意变形工具,调整图片位置和大小,如图 4-8 所示。

图 4-8　调整图片的位置和大小

知识链接:

绘图纸具有帮助定位和编辑动画的辅助功能,这个功能对制作逐帧动画特别有用。通常情况下,Flash 在舞台中一次只能显示动画序列的单个帧。使用绘图纸功能可以在舞台中一次查看两个或多个帧。按下“编辑多个帧”按钮后可以显示全部帧内容,并且可以进行“多帧同时编辑”。

(8) 再次单击“编辑多个帧”图标，取消编辑多帧状态。

(9) 在逐个关键帧上按 F5 键，为女孩走路的每个关键帧之后插入普通帧，延长每个关键帧的播放时间，这样会让女孩走路的效果更接近真实。将“走路”图层上多余的帧删除，如图 4-9 所示。

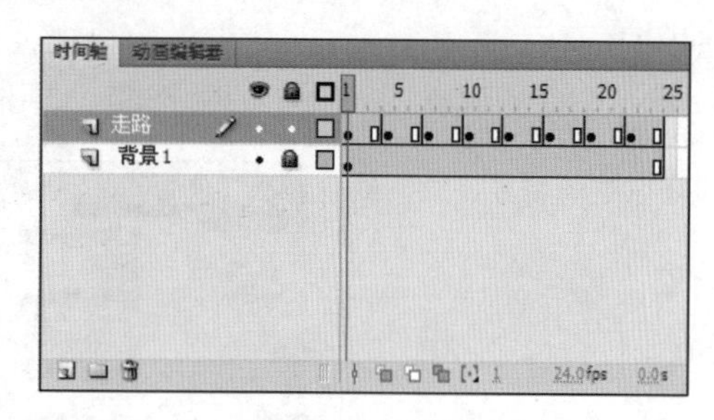

图 4-9　延长每个关键帧的播放时间

(10) 选择“文件”|“保存”菜单，在弹出的对话框中输入文件名并保存当前文件。动画最终效果如图 4-1 所示。

案例 4-2　打字效果

1. 案例分析及效果

本案例利用逐帧动画的知识制作打字效果。动画播放时，文字逐个显示，如同利用键盘打出来的一样。效果如图 4-10 所示。

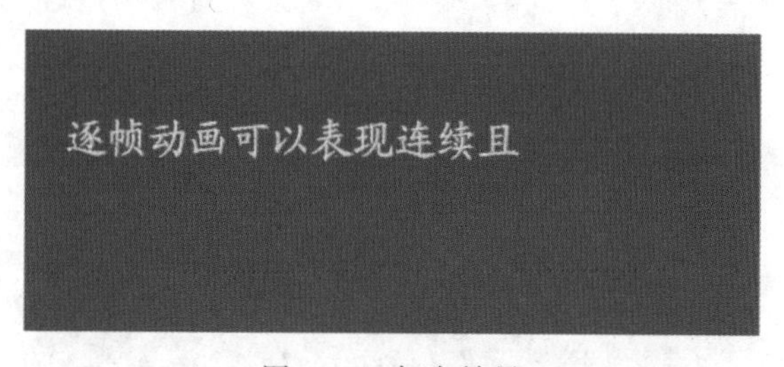

图 4-10　打字效果

2. 制作思路

(1) 创建一个大小和舞台背景色调合适的文档。

(2) 利用文本工具输入动画播放时打出来的文字，并调整字体类型、大小及颜色。

(3) 根据文字内容及个数建立相应的关键帧。

(4) 通过删除多余文字的方式为每个关键帧设置显示的内容。

3. 案例实现过程

(1) 新建一个大小为 500×200 像素，帧频为 24fps 的文档。将舞台背景颜色设为墨绿色(＃00FF00)。

(2) 利用文本工具输入相应的文字，调整文字的字体类型、大小、颜色和位置，效果如图 4-11 所示。

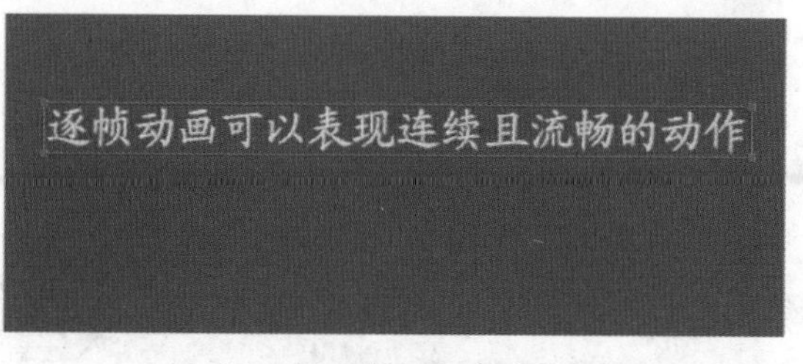

图 4-11　设置文本参数

(3) 在时间轴上单击第 1 帧,按下 Shift 键不放单击第 16 帧,第 1～16 帧全部被选中。在中间的任意一帧处右击,从弹出的快捷菜单中选择“转换为关键帧”菜单,如图 4-12 所示。第 1～16 帧是具有相同内容的关键帧,如图 4-13 所示。

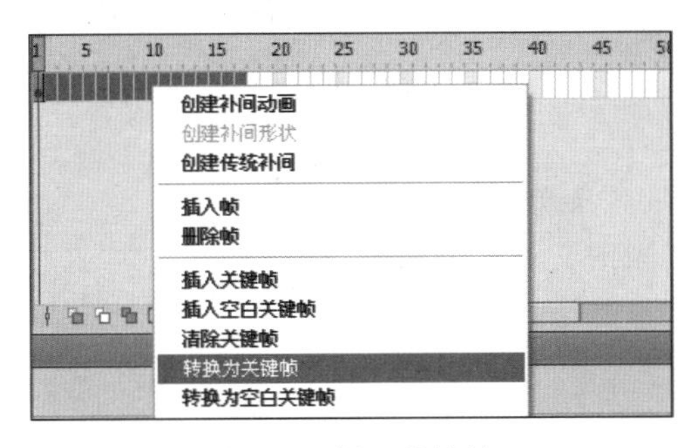

图 4-12　插入关键帧

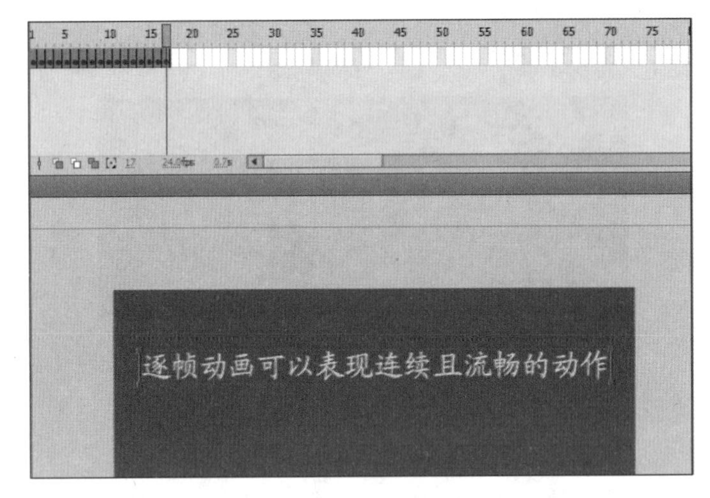

图 4-13　插入关键帧的结果

(4) 将第 1 个关键帧的舞台中的文字全部删除,使其成为空白关键帧,如图 4-14 所示。

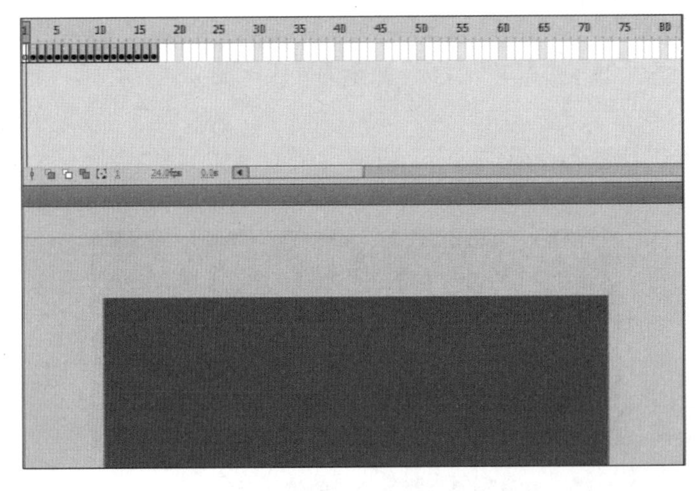

图 4-14　设置第 1 个关键帧中的内容

(5) 第 2 个关键帧的舞台中保留第 1 个“逐”字，删除其余文字，效果如图 4-15 所示。

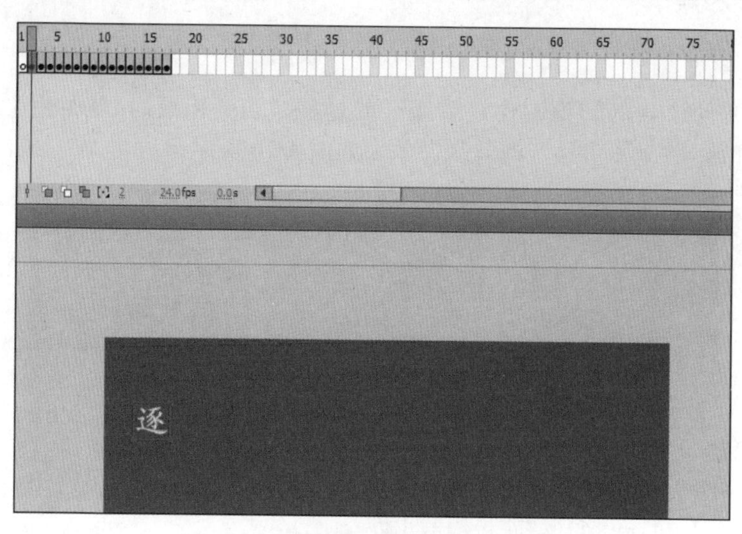

图 4-15　设置第 2 个关键帧中的内容

(6) 依次在第 3 个关键帧的舞台中保留前两个字，第 4 个关键帧的舞台中保留前 3 个字，直至第 17 个关键帧的舞台中保留完整的文本内容。

(7) 此时播放动画，文本将从左到右快速地逐个显示，如图 4-16 所示。

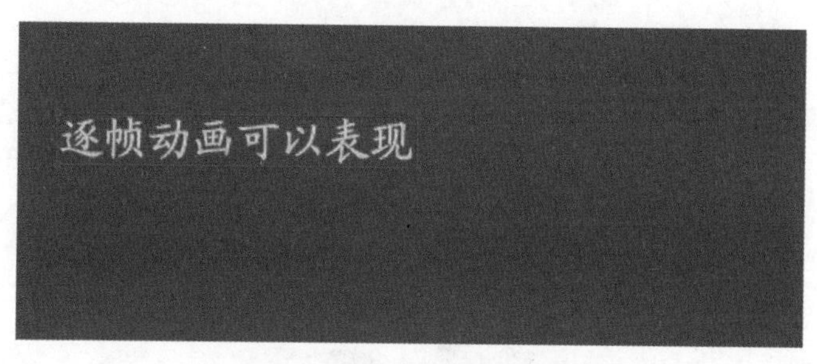

图 4-16　播放至第 9 帧时的效果

(8) 为了使动画更加符合人的视觉习惯，在每个关键帧后按两次 F5 键插入普通帧，如图 4-17 所示。这样动画播放时效果就如同利用键盘将文字逐个打出来一样。

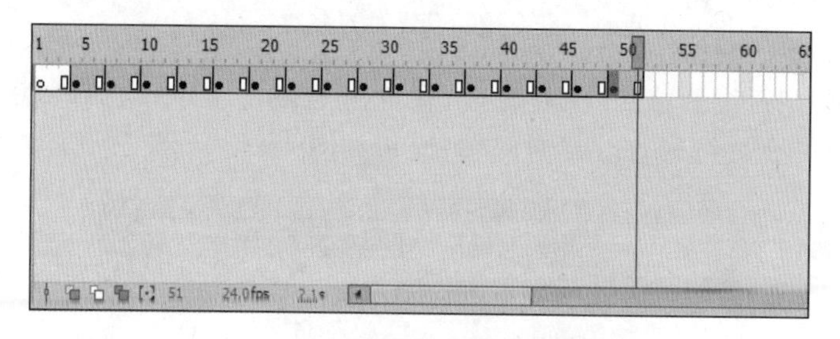

图 4-17　调整文字出现的速度

(9) 选择“文件”|“保存”菜单，输入文件名并保存当前文件。动画最终效果如图 4-10 所示。

案例 4-3　花朵盛开

1. 案例分析及效果

本例利用补间形状的知识制作花朵盛开的过程。动画播放时，花朵由无到有，逐渐放大，颜色逐渐加深，形成花朵盛开的效果。效果如图 4-18 所示。

图 4-18　花朵盛开

2. 制作思路

(1) 创建一个大小和舞台背景色调合适的文档。

(2) 利用椭圆工具和“变形”面板绘制出花朵。

(3) 利用“颜色”面板调整花朵的色彩效果。

(4) 利用形状补间制作花朵盛开的过程。

3. 案例实现过程

(1) 新建一个大小为 550×400 像素，帧频为 24fps 的文档。将舞台背景颜色设为墨绿色(＃00FF00)。

(2) 选择圆形工具，将笔触颜色设为无色，填充颜色设置为与背景相同的墨绿色(＃00FF00)，按下 Shift 键，在工作区中创建正圆形。利用选择工具使绘制的圆形处于选中状态。

(3) 选择“窗口”|“对齐”菜单，弹出“对齐”面板，将圆形中心对齐工作区中心，如图 4-19 所示。

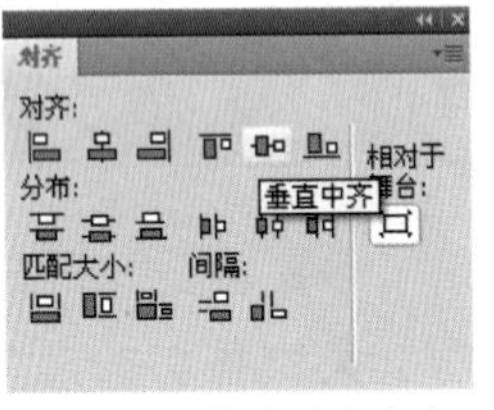

(a) 相对于舞台垂直中齐

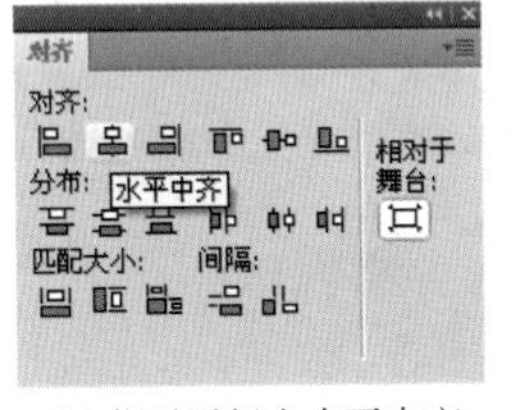

(b) 相对于舞台水平中齐

图 4-19　设置对齐参数

(4) 在“时间轴”面板的第 20 帧处右击，在弹出的快捷菜单中选择“插入关键帧”菜单，在第 20 帧处插入一个关键帧，此时“时间轴”面板如图 4-20 所示。

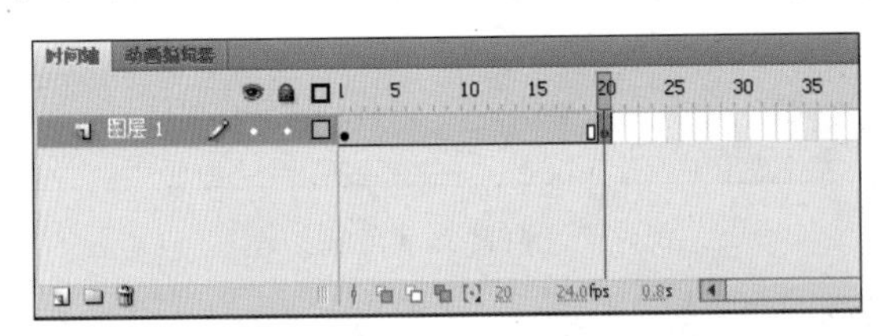

图 4-20　在第 20 帧处插入一个关键帧

(5) 选择工具箱中的任意变形工具，单击工作区中的圆形，将圆形调整为椭圆形，并将变形后的圆形轴心点移动到下方，如图 4-21 所示。

(6) 选择“窗口”|“变形”菜单，调出“变形”面板，确定水平和垂直比例均为 100%，设置旋转角度为 30 度，然后单击“重置选区和变形”按钮 11 次，如图 4-22 所示，制作出盛开的花朵。

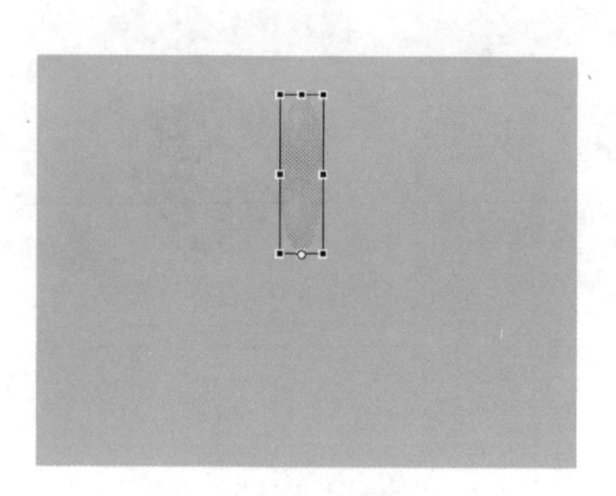

图 4-21　调整圆形形状和轴心点

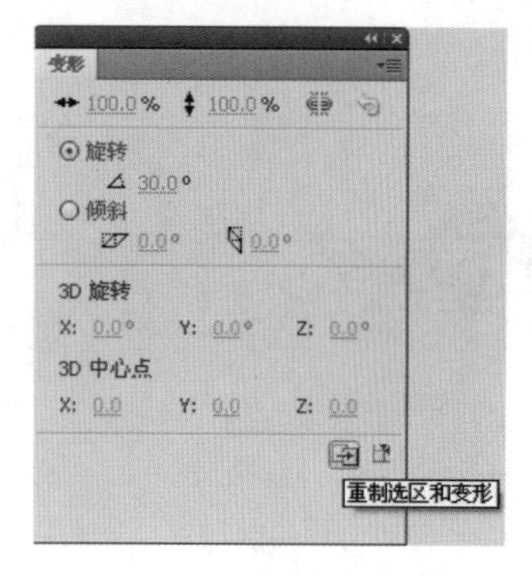

图 4-22　设置变形参数

(7) 利用选择工具使绘制的花朵处于选中状态。选择“窗口”|“颜色”菜单，弹出“颜色”面板，将填充类型设为“放射状”，颜色设置为黄(＃FF0000) 红(＃FFFF00) 渐变，如图 4-23 所示。花朵填充后的效果如图 4-24 所示。

(8) 在“时间轴”面板上第 1～20 帧中间任意一帧处右击，选择“创建补间形状”菜单，如图 4-25 所示。

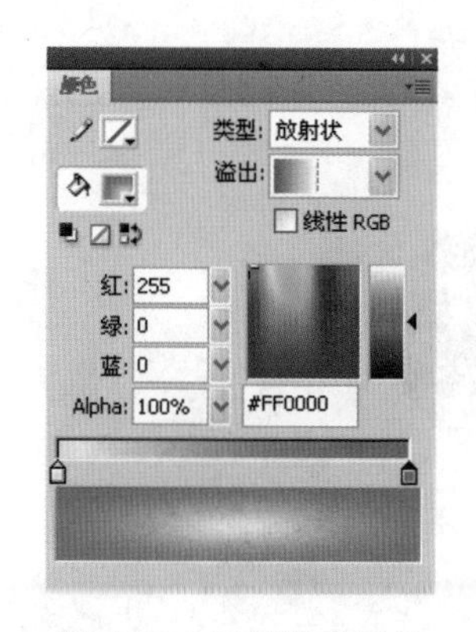

图 4-23　调整渐变颜色

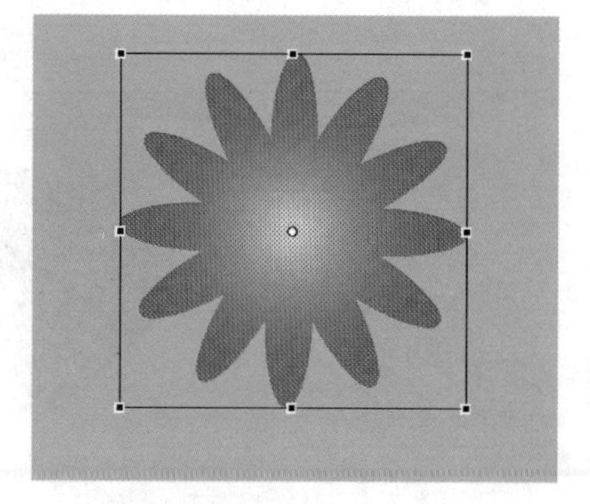

图 4-24　填充旋转变形的花朵

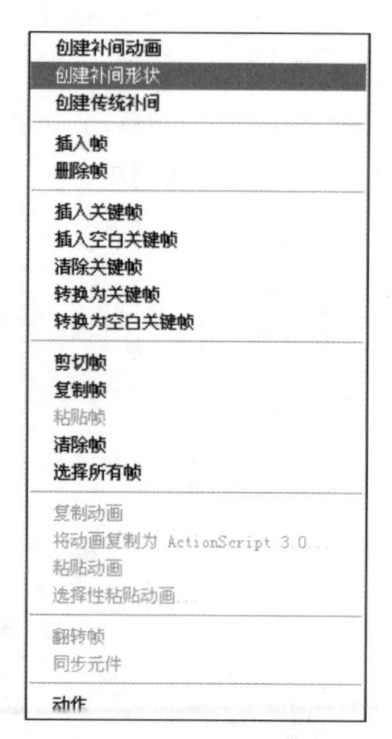

图 4-25　创建补间形状

(9) 在第 30 帧处插入普通帧，让花朵盛开后有 10 帧的停留时间。选择“文件”|“保存”菜单，在弹出的对话框中输入文件名并保存当前文件。动画最终效果如图 4-18 所示。

案例 4-4　爱神之箭穿心

1. 案例分析及效果

本案例利用传统补间的知识制作爱神之箭穿心的过程。动画播放时，爱神之箭由远而近，射中红心并穿透红心。效果如图 4-26 所示。

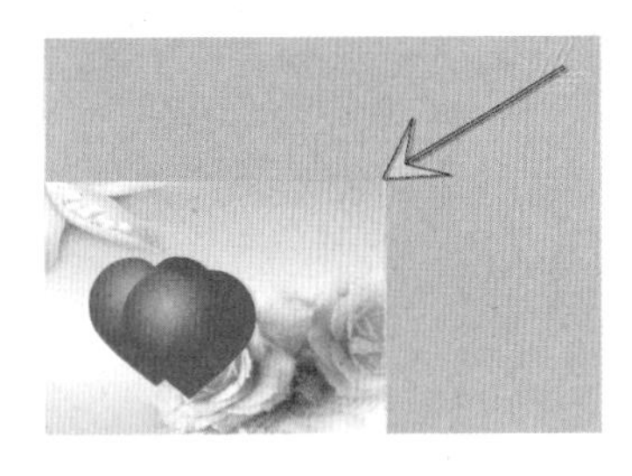 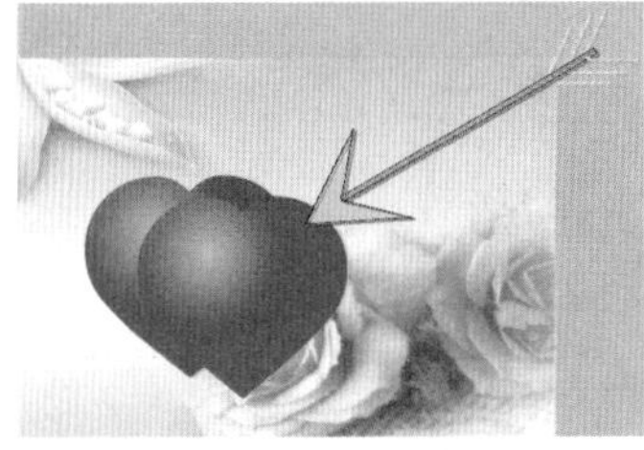 

图 4-26　爱神之箭穿心

2. 制作思路

(1) 创建一个背景图层，导入图片，调整图片的大小和位置。

(2) 建立新的图层，绘制两颗红心。

(3) 建立新的图层，绘制爱神之箭。

(4) 将红心进行分离，并在爱神之箭所在图层上方新建一图层，将分离后红心的一部分放置在爱神之箭图层的上方图层上。

(5) 制作爱神之箭穿透红心的过程。

3. 案例实现过程

(1) 新建一个大小为 550×400 像素，帧频为 24fps 的文档。

(2) 将默认的“图层 1”修改为“背景”。选择“文件”|“导入”|“导入到舞台”菜单，选择 wxbj.jpg 图片文件，将其导入到舞台，并调整其位置，如图 4-27 所示。

(3) 将“背景”图层锁定，并在其上方新建图层，命名为“心形 1”，利用圆形工具，将笔触颜色设为无色，绘制圆形，利用选择工具将圆形调整为心形，如图 4-28 所示。

图 4-27　设置背景图片

图 4-28　绘制心形

(4) 选择“窗口”|“颜色”菜单，调出“颜色”面板，将填充颜色设为放射状，颜色由粉色(255,204,204)向红色(255,0,0)放射，绘制有立体感的心形，如图 4-29 所示，填充后的效果

如图 4-30 所示。

图 4-29 “颜色”面板设置

图 4-30 绘制有立体感的心形

(5) 利用选择工具将绘制好的心形选中，然后按住 Ctrl 键不放，拖动心形，复制出相同的一颗心，效果如图 4-31 所示。

(6) 打开“库”面板，单击面板左下方的“新建元件”按钮，弹出“创建新元件”对话框，建立名为“箭”的影片剪辑元件，如图 4-32 所示。

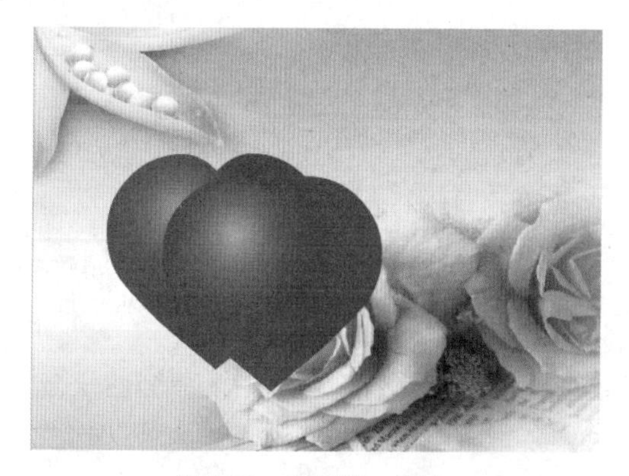

图 4-31 复制第二颗心

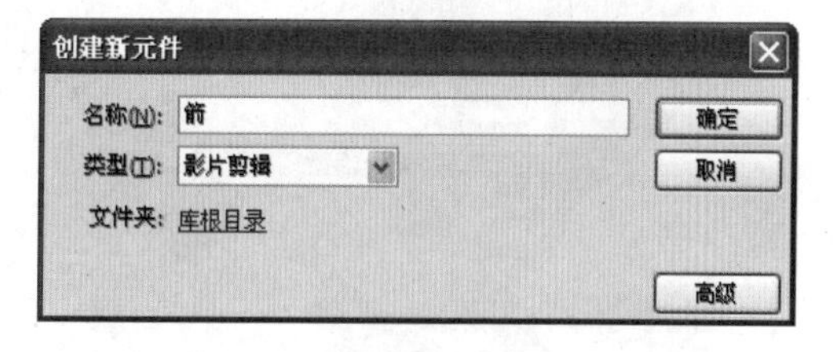

图 4-32 “创建新元件”对话框

知识链接：

在 Flash 中，元件包括影片剪辑、图形和按钮三种类型，这些都是可以重复使用的对象。实例是元件在舞台上的一次具体应用。在库里面的对象是元件，拖到舞台上的就称之为元件的一个实例，一个元件可以拖出来多个实例。元件和实例的恰当应用可以减小 Flash 文档的大小，而且可以快速地更新整个项目文件中的对象，因为当元件发生改变时，它所有的实例相应的也会发生改变。

(7) 利用矩形工具、线条工具和铅笔工具绘制爱神之箭，利用选择工具将绘制的内容全选，选择“修改”|“组合”菜单，或者按 Ctrl+G 键将其组合成一个整体，效果如图 4-33 所示。

(8) 返回场景 1，在“心形 1”图层上方新建图层，将其命名为“箭”，并将“箭”元件放置在该图层舞台的右上角位置，适当调整箭的大小，如图 4-34 所示。

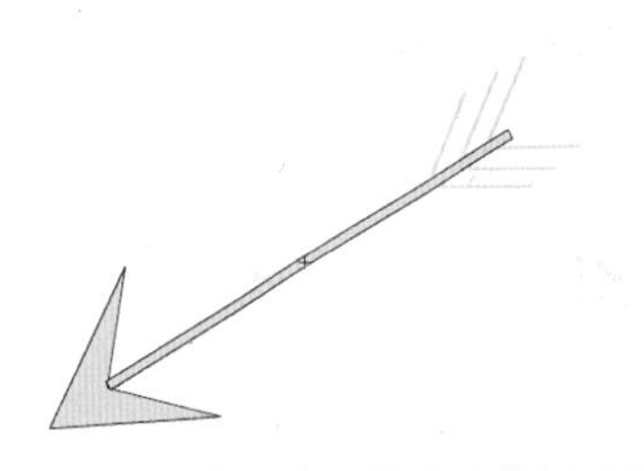

图 4-33　创建爱神之箭影片剪辑元件

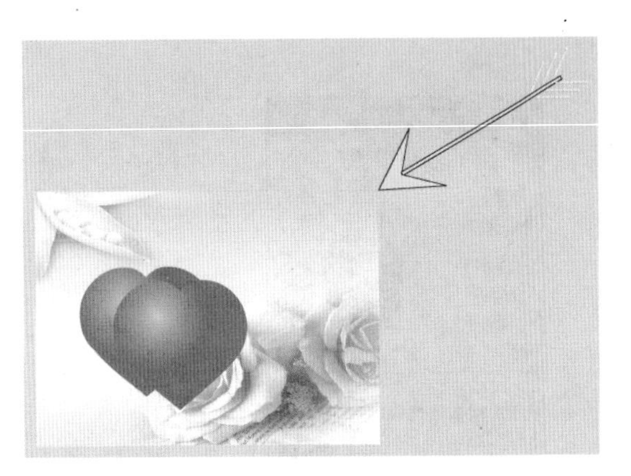

图 4-34　放置爱神之箭

(9) 将“箭”图层锁定，回到“心形 1”图层，用选择工具选取心形的右半部分，右击，从弹出的快捷菜单中选择“剪切”菜单，如图 4-35 所示，将选中部分剪切。

(10) 在“箭”图层上方新建图层，将其命名为“心形 2”，并使其成为当前编辑的图层，在舞台上右击，从弹出的快捷菜单中选择“粘贴到当前位置”菜单，如图 4-36 所示，心形的右半部分将在“心形 2”图层上粘贴到原来剪切的位置。

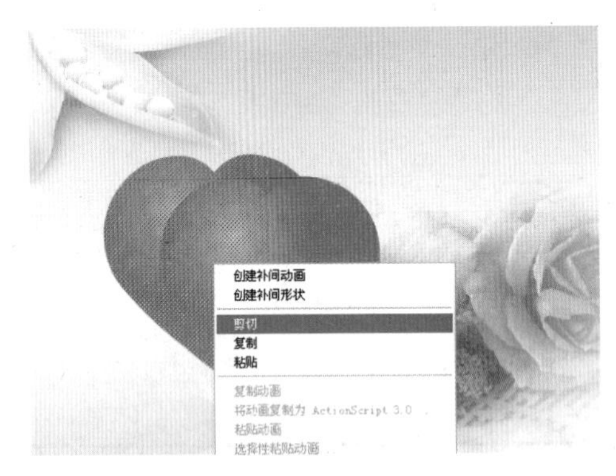

图 4-35　将心形进行剪切

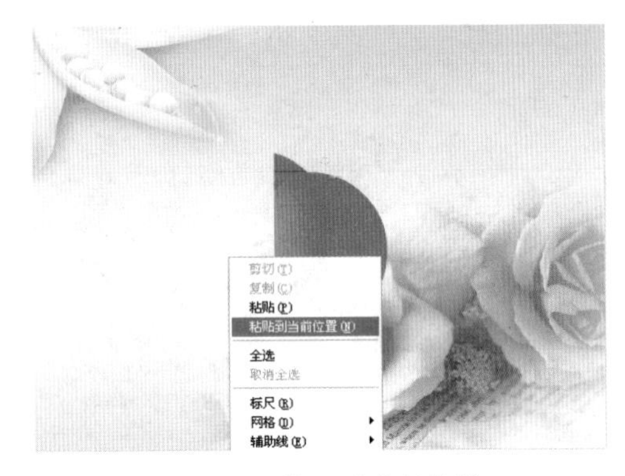

图 4-36　将心形进行粘贴

(11) 至此，所有图层及相关内容已经创建完成，“时间轴”面板及图层顺序如图 4-37 所示。

(12) 将“背景”和“箭”图层解锁，选择“背景”图层，在第 20 帧处选择“插入”|“时间轴”|“帧”菜单，或者按 F5 键，为“背景”层插入普通帧，效果如图 4-38 所示。

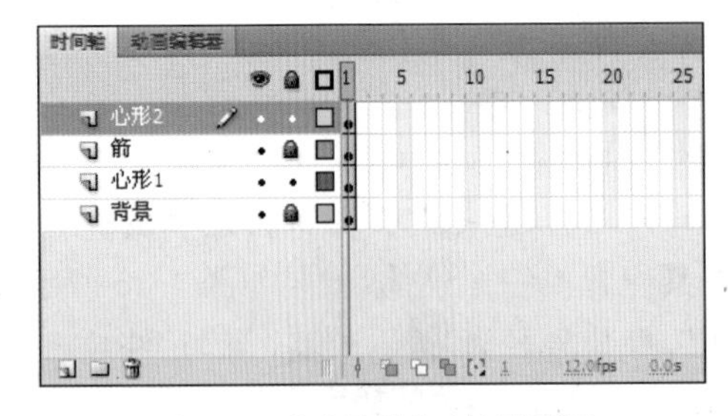

图 4-37　“时间轴”面板及图层

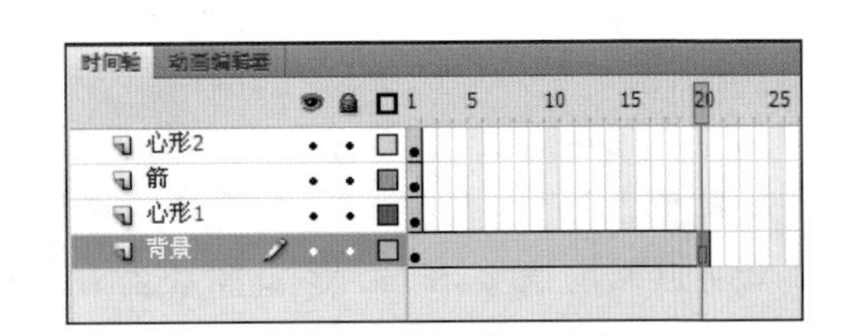

图 4-38　为背景层添加普通帧

(13) 按照同样的方法在第 20 帧处为“心形 1”和“心形 2”图层插入普通帧。为“箭”图层插入关键帧,效果如图 4-39 所示。

(14) 在“箭”图层的第 20 帧处,将“箭”元件拖放至适当的位置,形成“一箭穿心”的效果,如图 4-40 所示。

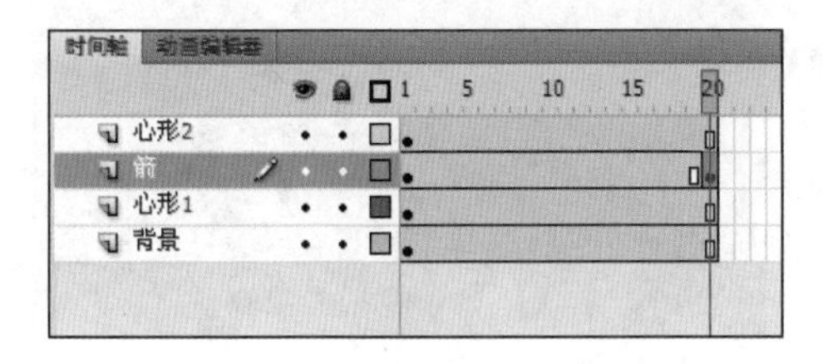

图 4-39 为“箭”图层插入关键帧

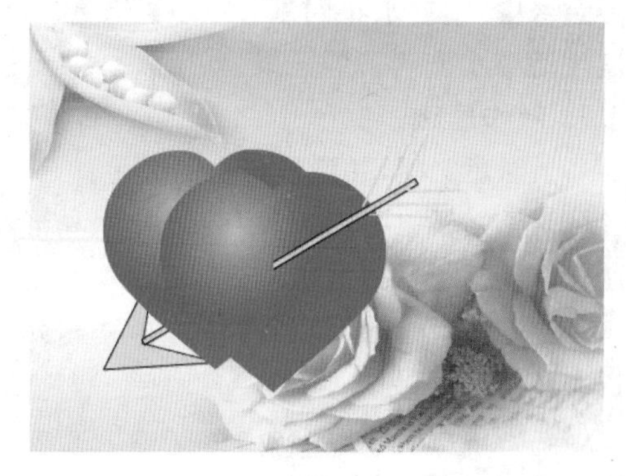

图 4-40 定位“箭”穿过“心”的位置

(15) 在“时间轴”面板的“箭”图层上第 1～20 帧之间任意一帧处右击,从弹出的快捷菜单中选择“创建传统补间”菜单,为箭创建补间动画效果,如图 4-41 所示。

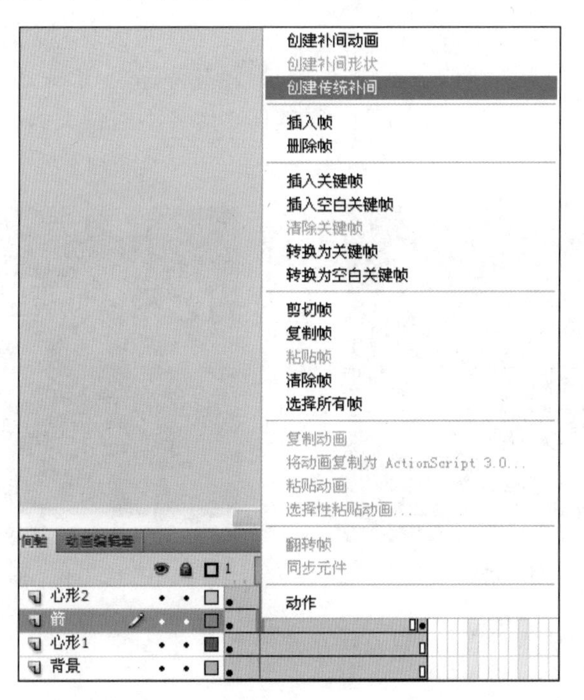

图 4-41 创建传统补间动画

(16) 在第 30 帧处为每个图层插入帧,使“箭射中心”后有 10 帧的停留时间。选择“文件”|“保存”菜单,在弹出的快捷菜单中输入文件名并保存当前文件。动画最终效果如图 4-26 所示。

案例 4-5　水滴滴落效果

1. 案例分析及效果

本例利用传统补间和形状补间的知识制作水滴滴落的过程。动画播放时，水滴由高处滴落至水中，随后水花四溅，水晕逐渐散开，模仿现实生活中水滴落下的效果，如图 4-42 所示。

图 4-42　水滴滴落效果

2. 制作思路

(1) 创建文档，并设置舞台的颜色。

(2) 建立新的图层，利用传统补间和形状补间制作水滴落下的过程。

(3) 建立新的图层，利用传统补间和元件的知识制作水花四溅的过程。

(4) 建立新的图层，利用形状补间和元件的知识制作水晕散开的过程。

3. 案例实现过程

(1) 新建一个大小为 550×400 像素，帧频为 24fps 的文档，将背景设为淡蓝色(#0098FF)。

(2) 将图层 1 命名为"水滴"，利用椭圆工具，将笔触颜色设为无色，填充颜色设为白色(#FFFFFF)，在舞台的上方绘制一小圆，作为水滴滴落前的小水珠，如图 4-43 所示。

(3) 在第 15 帧处插入关键帧，利用任意变形工具将小圆拉大为椭圆，模拟水滴刚形成的效果，如图 4-44 所示。

图 4-43　绘制小水珠

图 4-44　绘制大水珠

(4) 在第 25 帧处插入关键帧，利用任意变形工具和选择工具将椭圆修改为水滴状，如图 4-45 所示。

(5) 分别在第 1～15 帧和第 15～25 帧之间创建形状补间动画，制作由小水珠逐渐变成大水滴的动画过程。

(6) 在第 30 帧处插入关键帧，让水滴形成后有 5 帧的停留，增加动画的真实感。并将水滴转化成影片剪辑元件，命名为"水滴"。

(7) 在第 45 帧处插入关键帧，将水滴垂直向下移动，确定水滴滴落的位置，如图 4-46 所示。

图 4-45　绘制即将滴落的水滴

图 4-46　制作水滴滴落后的位置

(8) 在第 30～45 帧中间创建传统补间动画,制作水滴滴落的过程。至此,水滴由形成到滴落的动画制作完成,"时间轴"面板如图 4-47 所示。

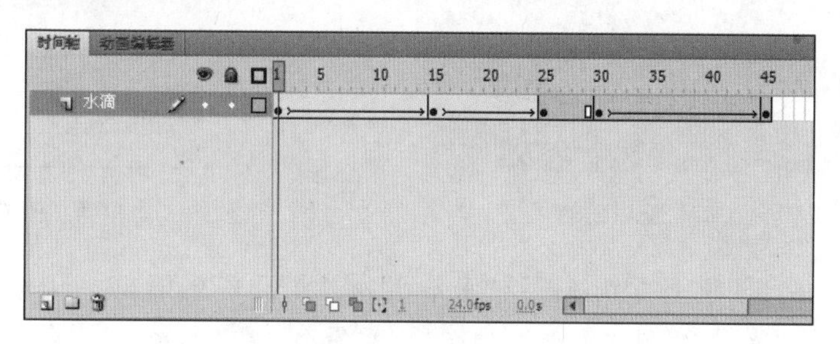

图 4-47　水滴滴落过程的"时间轴"面板

(9) 接下来制作水滴滴落后水晕扩散的动画过程。锁定"水滴"图层,在其上方新建图层"水晕 1",在第 45 帧处插入关键帧,利用椭圆工具,笔触颜色为白色(＃FFFFFF),填充颜色为无,笔触值为默认,在水滴下方绘制一个小椭圆,模拟水滴滴落后形成的水晕,如图 4-48 所示。

(10) 在第 65 帧处插入关键帧,按下 Alt 键,在保持中心不变的情况下将水晕拉大,并将其 Alpha 值改为 0%,使其透明,如图 4-49 所示,效果如图 4-50 所示。

图 4-48　绘制水晕

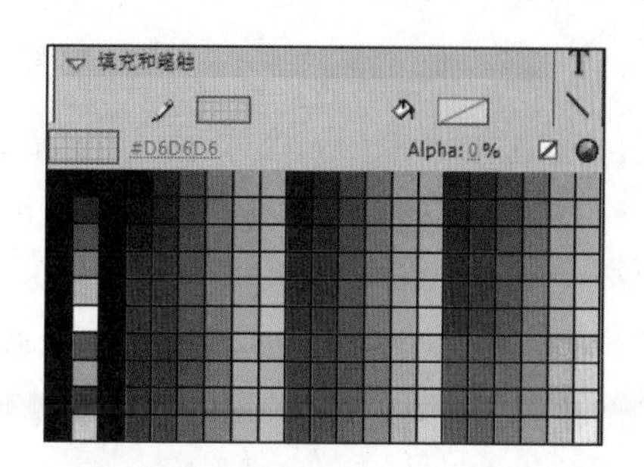

图 4-49　调整水晕的 Alpha 值

(11) 在图层"水晕 1"的第 45 帧与第 65 帧之间创建补间形状,形成水晕逐渐扩散的动画效果。

(12) 按下 Shift 键，将“水晕 1”的第 45～65 帧全部选中，右击，从弹出的快捷菜单中选择“复制帧”菜单，如图 4-51 所示。

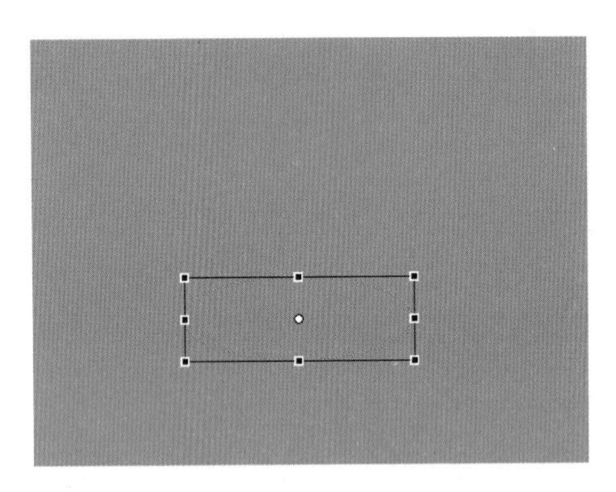

图 4-50　水晕调整后的效果

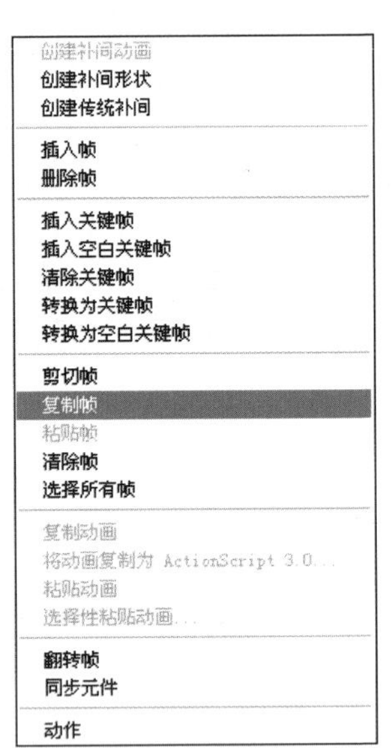

图 4-51　复制帧

(13) 在“水晕 1”图层上方新建图层“水晕 2”，在“水晕 2”的第 50～70 帧处粘贴帧，制作出第 2 个水晕。在“水晕 2”图层上方新建图层“水晕 3”，在“水晕 3”的第 55～75 帧处粘贴帧，制作出第 3 个水晕。

(14) 至此，水晕散开的过程制作完成。“时间轴”面板如图 4-52 所示。

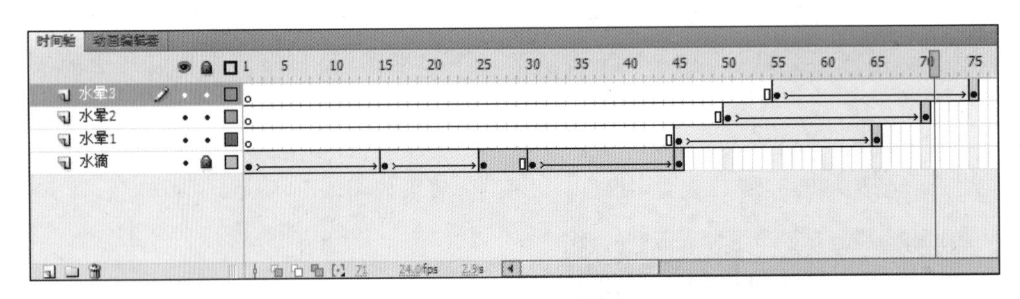

图 4-52　“时间轴”面板

(15) 接下来制作水滴滴落后水花四溅的动画效果。打开“库”面板，新建“水花”影片剪辑元件，利用椭圆工具，笔触设为无色，填充颜色设为白色(＃FFFFFF)，绘制一个小圆作为溅起的水花，如图 4-53 所示。

(16) 新建“水花 1”图层，在第 45 帧处插入关键帧，将“水花”元件从库中拖放至水滴下方并调整其大小，在第 52 帧处插入关键帧，将水花向上垂直平移至合适的位置，将其 Alpha 值修改为 50%，如图 4-54 所示。

(17) 在第 57 帧处插入关键帧，将水花向下垂直平移至第 45 帧时的位置，在第 45 与第 52 帧之间、第 52～57 帧之间创建传统补间，制作一个水花溅起又落下的动画过程。

图 4-53　绘制“水花”元件

图 4-54　制作“水花”溅起的过程

(18) 新建“水花 2”和“水花 3”图层，按照上述方法分别制作另外两个水花溅起又落下的过程。制作过程中注意适当调整水花的位置、大小和溅起的高度，以增加动画的真实性，“时间轴”面板如图 4-55 所示。

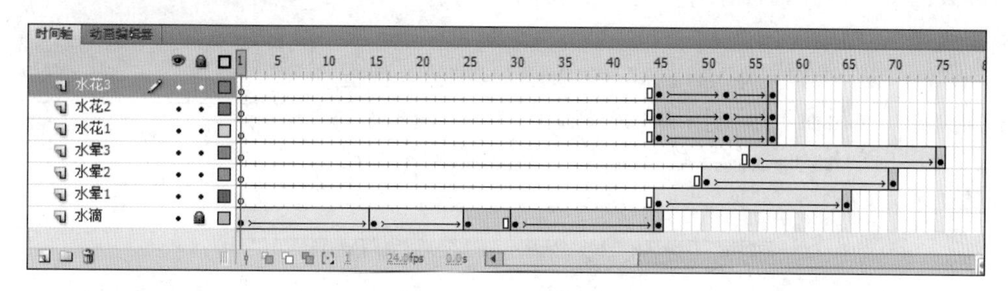

图 4-55　动画制作完成后的“时间轴”面板

(19) 选择“文件”|“保存”菜单，在弹出的对话框中输入文件名并保存当前文件。动画最终效果如图 4-42 所示。

案例 4-6　海底世界

1. 案例分析及效果

本例利用传统补间和补间动画的知识制作海底生物游动的动画。动画播放时，鱼群、海豚和海马在海底游来游去，丰富而生动，效果如图 4-56 所示。

图 4-56　海底世界

2. 制作思路

(1) 创建文档,并设置舞台的背景。

(2) 利用传统补间知识制作海豚、小鱼和海马的浮动效果。

(3) 利用补间动画知识制作海豚海底游动的动画效果。

(4) 利用补间动画知识制作海马和小鱼海底游动的动画效果。

3. 案例实现过程

(1) 新建一个大小为 600×450 像素,帧频为 12fps 的文档。

(2) 将"图层 1"命名为"海底",将海底的背景图片导入到舞台,并调整好其大小和位置。在第 100 帧处插入帧,使动画时长定为 100 帧。完成后将该图层锁定。

(3) 将所需的海豚、鱼和海马图片素材导入到"库"面板。导入的 png 图片素材自动生成为图形元件,将这些图形元件重新命名,如图 4-57 所示。

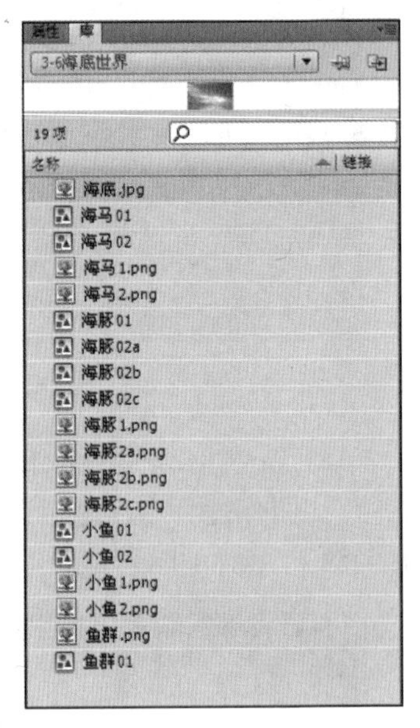

图 4-57 导入素材后的"库"面板

(4) 新建影片剪辑元件"紫海豚",将"海豚 01"图形元件拖放至"紫海豚""时间轴"面板的图层 1 第 1 帧上,如图 4-58 所示。

(5) 在"时间轴"面板第 5 帧处插入关键帧,将海豚垂直向下移动稍许,如图 4-59 所示。

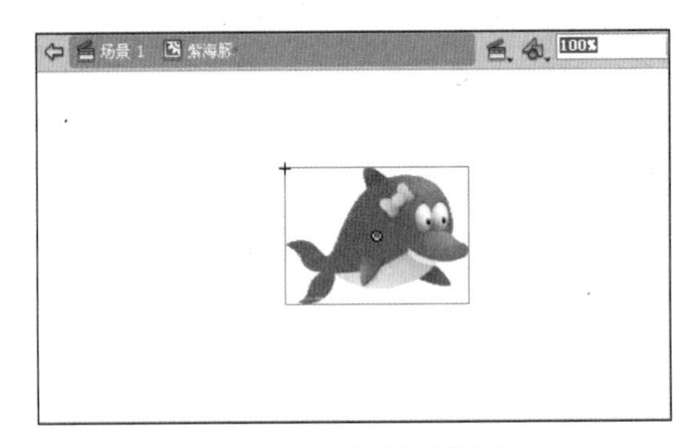

图 4-58 创建紫海豚元件

(6) 在"时间轴"面板第 1 帧处复制帧,在第 10 帧处粘贴帧,在第 1～5 帧和第 5～10 帧之间分别创建传统补间,制作出海豚轻轻浮动的效果,"时间轴"面板如图 4-60 所示。

(7) 回到场景 1,新建图层"海豚 1"并编辑,在第 1 帧处将"紫海豚"元件拖入到舞台外左下角合适的位置,并适当调整其大小,如图 4-61 所示。

(8) 在"海豚 1"图层第 1 帧处右击,选择"创建补间动画",如图 4-62 所示。

知识链接:

Flash CS4 提供了全新的补间动画方式,这种动画方式与传统的动画补间比较,能更灵活地控制每帧的属性,而且可以看到每个帧上的动画轨迹,这样可以创作出更加完美的补间动画。补间动画主要通过自动记录关键帧的方法,将对象各种属性变化保存下来。能够创建补间动画的对象包括按钮、文字、图形元件和影片剪辑。

图 4-59　将海豚向下移动稍许

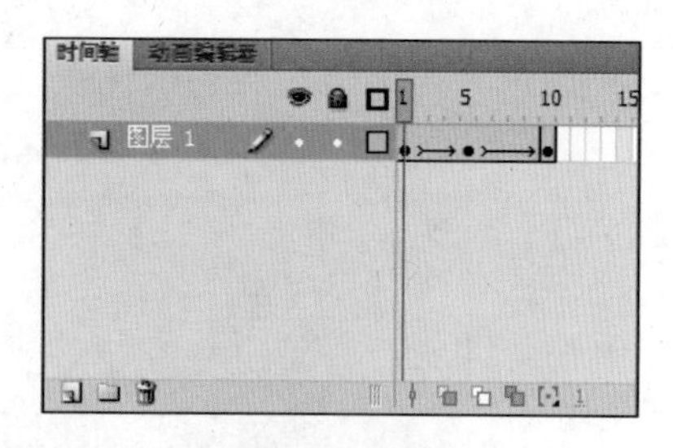

图 4-60　“紫海豚”元件的“时间轴”面板

图 4-61　将紫海豚元件拖放至舞台

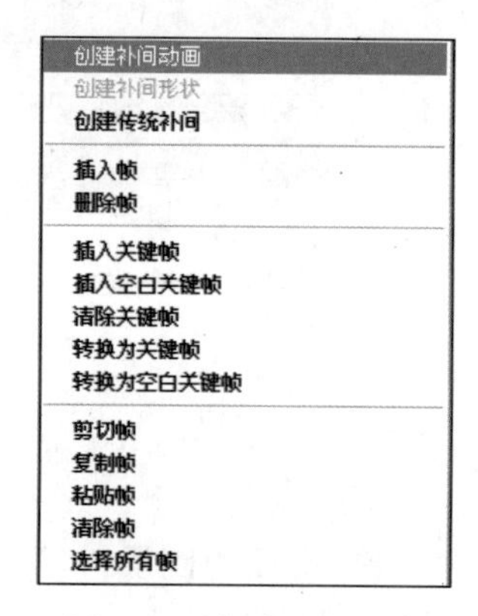

图 4-62　创建补间动画

(9) 在第 20 帧处拖动海豚至舞台左下角的位置,“时间轴”面板“海豚 1”图层的第 20 帧处会自动生成关键帧,如图 4-63 所示。

图 4-63　在第 20 帧处创建关键帧

（10）按照同样的方法，分别在第 40、60 和 80 帧处创建关键帧，并利用选择工具调整关键帧之间连线的平滑度，效果如图 4-64 所示。

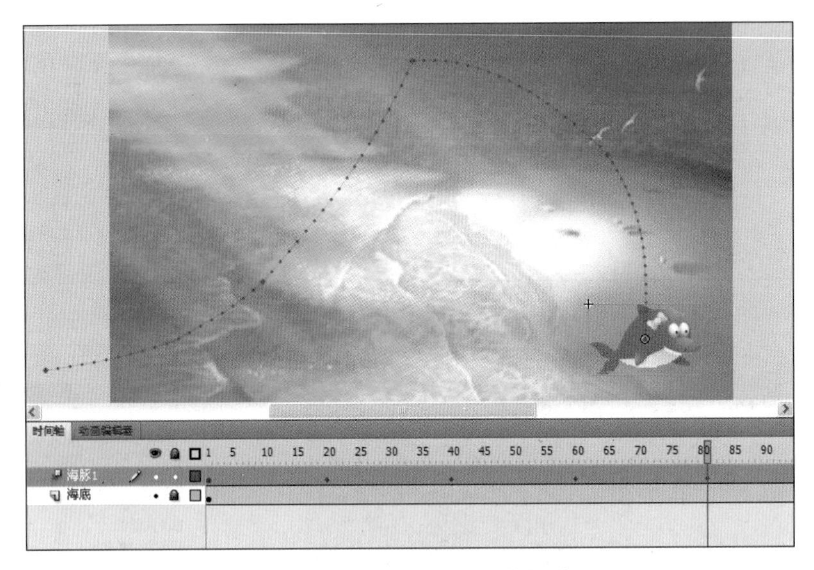

图 4-64　创建紫海豚游动的补间动画

（11）接下来制作灰海豚的动画。参照步骤（4）、（5）、（6）制作灰海豚摆尾的影片剪辑元件“海豚 2”。方法如下：新建“海豚 2”影片剪辑元件，将“海豚 02a”图形元件拖放至“海豚 2”“时间轴”面板的图层 1 第 1 帧上；然后在“时间轴”面板第 5 帧处插入关键帧，用“海豚 02b”将“海豚 02a”替换掉；在第 10 帧处插入关键帧，用“海豚 02c”将“海豚 02b”替换掉；然后在第 1～5 帧和第 5～10 帧之间分别创建传统补间，制作出灰海豚摆尾的效果，如图 4-65 所示。

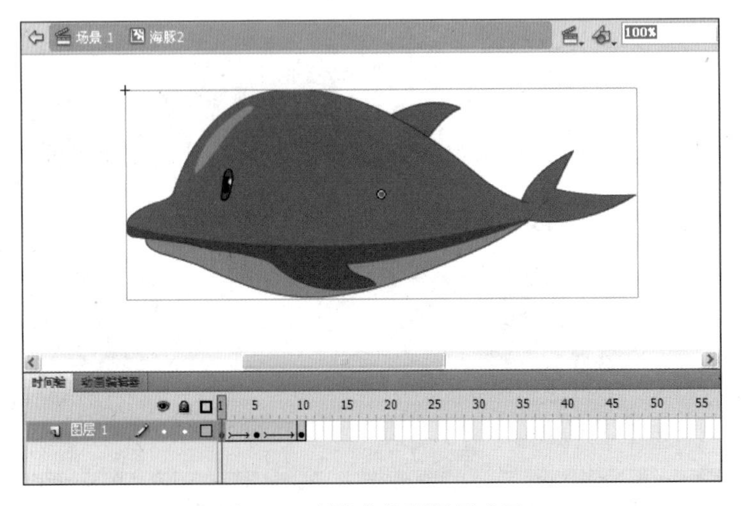

图 4-65　制作灰海豚摆尾动画

（12）新建“灰海豚”影片剪辑元件，在图层 1 的第 1 帧处将制作好的摆尾动画的“海豚 2”影片剪辑元件拖放至舞台上，调整其大小和位置，如图 4-66 所示。

图 4-66　创建灰海豚动画

(13) 返回到场景 1,新建“海豚 2”图层,将“灰海豚”元件拖放至舞台外的右下角处,双击该实例,进入到有背景的元件编辑状态,以便准确地制作灰海豚的游动路线,如图 4-67 所示。

图 4-67　在有背景状态下编辑“灰海豚”元件

(14) 在图层 1 的第 70 帧处插入帧。在第 1 帧处右击,从弹出的快捷菜单中选择“创建补间动画”,“时间轴”面板如图 4-68 所示。

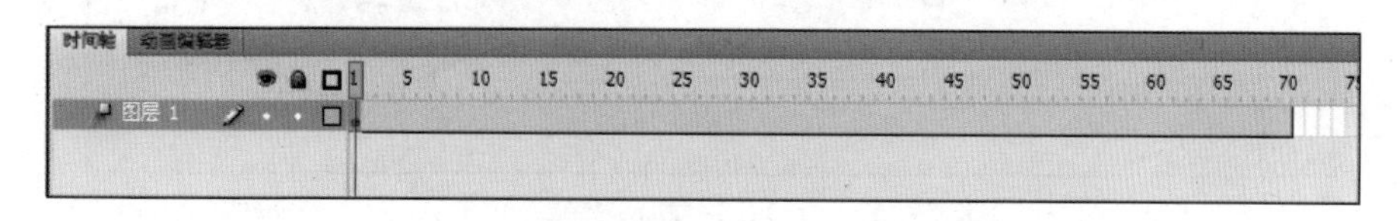

图 4-68　补间动画“时间轴”面板

(15) 在第 5 帧处移动海豚的位置,“时间轴”面板会自动记录关键帧,如图 4-69 所示。

(16) 按照同样的方法每 5 帧为灰海豚游动的位置记录下关键帧,记录至第 60 帧位置,并用选择工具调整连线的平滑度,最终效果如图 4-70 所示。

(17) 为了使灰海豚游动时出现翻筋斗的效果,需要将“动画编辑器”打开进行更细腻的动画编辑。“动画编辑器”面板如图 4-71 所示。

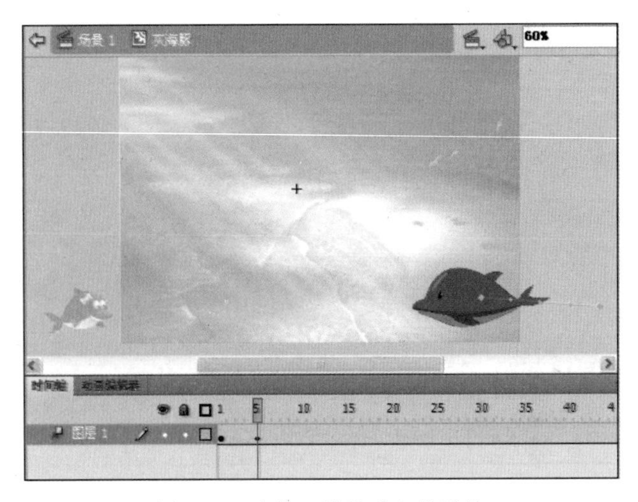

图 4-69　在第 5 帧处建立关键帧

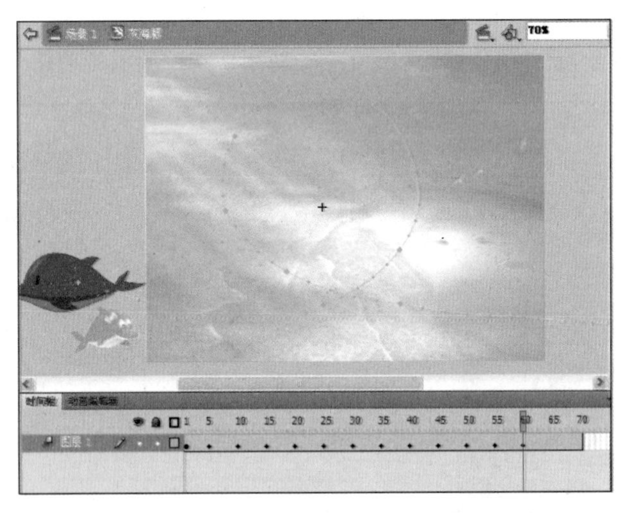

图 4-70　记录并调整海豚游动的关键帧

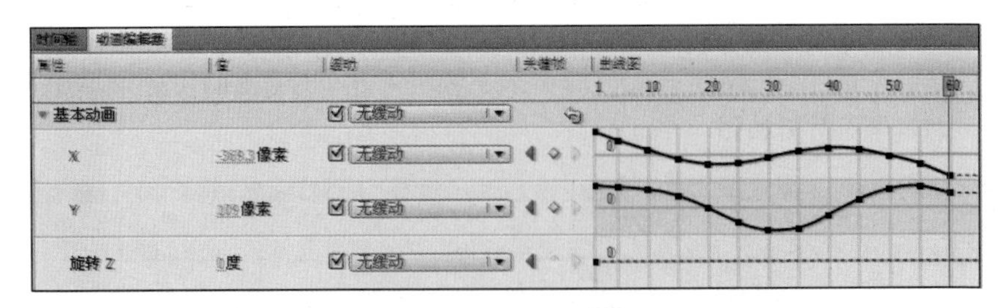

图 4-71　“动画编辑器”面板

知识链接：

通过“动画编辑器”面板，可以查看所有补间属性及属性关键帧。它还提供了向补间添加精确和详细信息的工具。“动画编辑器”显示当前选定的补间的属性。在“时间轴”中创建补间后，“动画编辑器”允许以多种不同的方式来控制补间。

使用“动画编辑器”可以进行以下操作：添加或删除各个属性的属性关键帧；将属性关键帧移动到补间内的其他帧；使用贝塞尔控件对大多数单个属性的补间曲线的形状进行微调(X、Y和Z属性没有贝塞尔控件)；添加或删除滤镜及色彩效果并调整其设置；向各个属性和属性类别添加不同的预设缓动；创建自定义缓动曲线；将自定义缓动添加到各个补间属性和属性组中；对X、Y和Z属性的各个属性关键帧启用浮动。通过浮动，可以将属性关键帧移动到不同的帧或在各个帧之间移动以创建流畅的动画。

(18) 分别在各关键帧处调整动画编辑器中“旋转 Z”的度数，使海豚随着路线做适当的倾斜从而出现翻筋斗的效果，如图 4-72 所示。

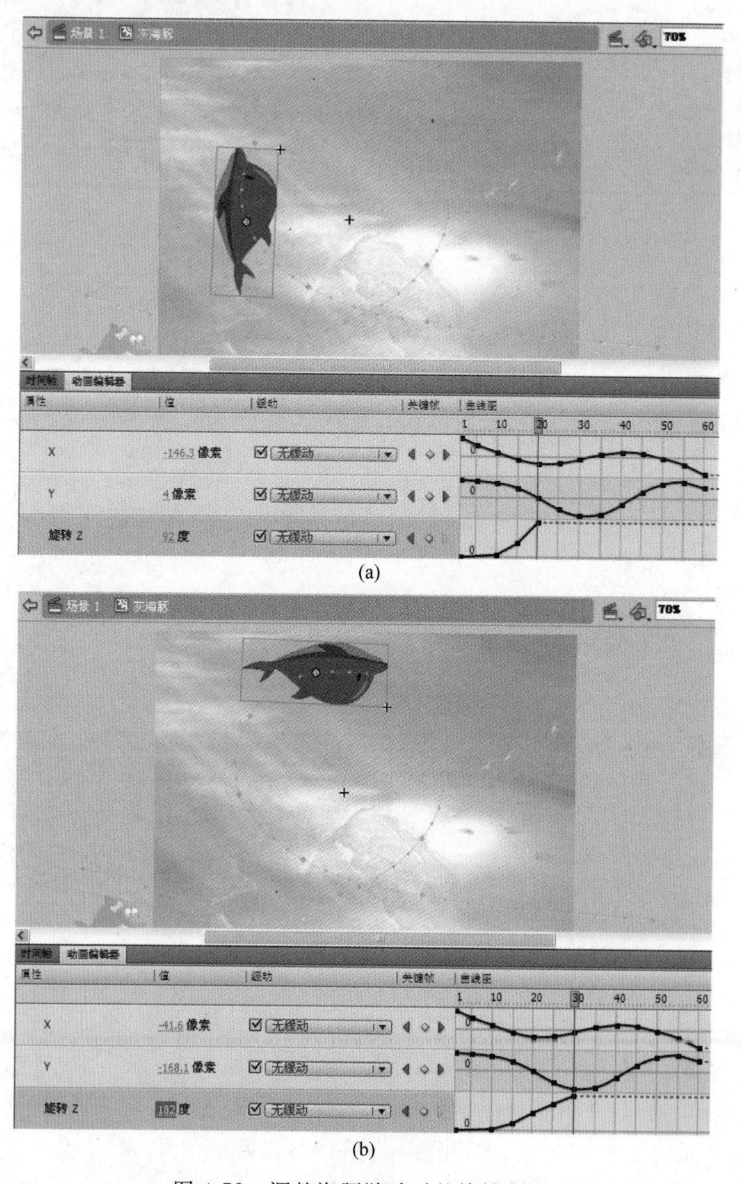

图 4-72 调整海豚游动时的旋转角度

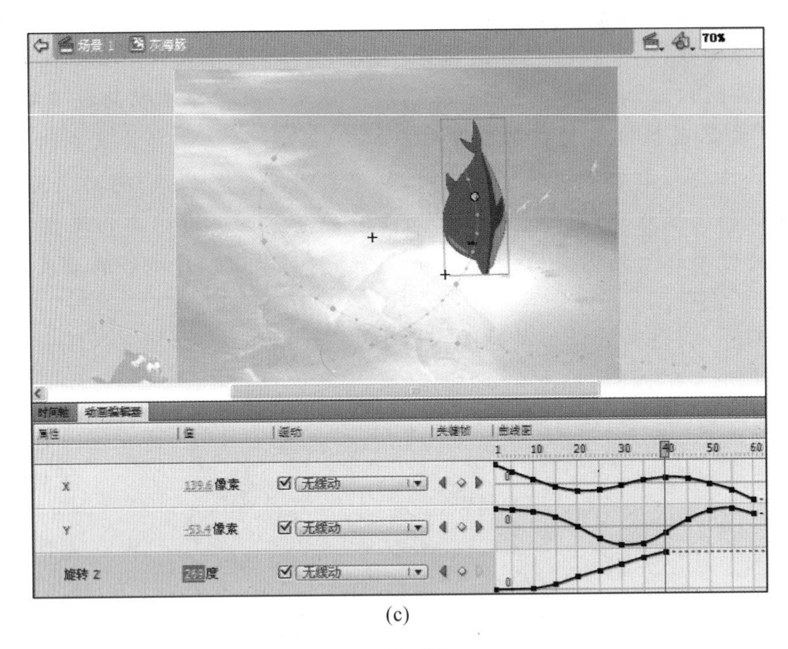

(c)

图 4-72（续）

（19）灰海豚游动的效果如图 4-73 所示。

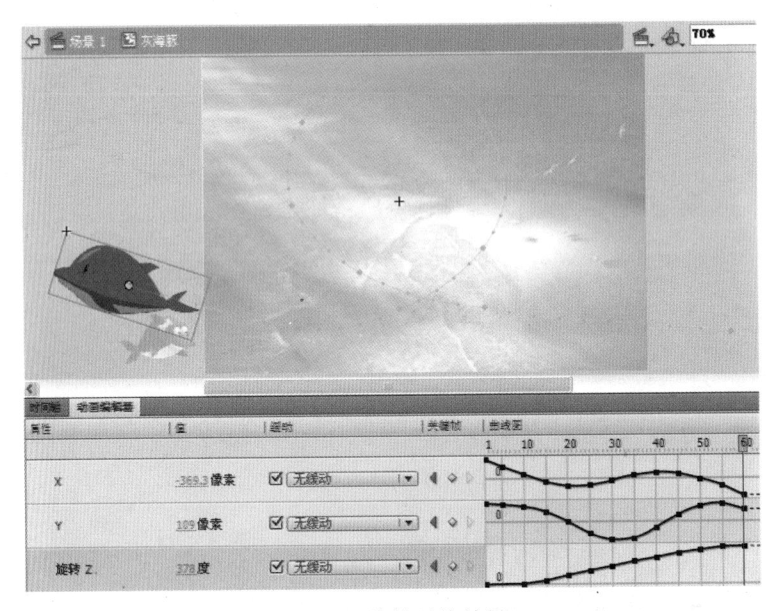

图 4-73　旋转最终效果

（20）返回到场景 1 中，在“海豚 2”图层的第 100 帧处插入帧，至此，灰海豚游动并翻筋斗的动画制作完成。“时间轴”面板如图 4-74 所示。

（21）接下来制作小鱼和海马浮动的动画。参照步骤(4)、(5)、(6)的方法创建小鱼上下浮动的影片剪辑元件。方法如下：新建影片剪辑元件“小蓝鱼”，将“小鱼 01”图形元件拖放至“小蓝鱼 1”“时间轴”面板的图层 1 第 1 帧上；然后在“时间轴”面板第 5 帧处插入关键帧，将小蓝鱼垂直向下移动稍许；在“时间轴”面板第 1 帧处复制帧，在第 10 帧处粘贴帧，在第 1～5 帧和第 5～10 帧之间分别创建传统补间，制作出小蓝鱼轻轻浮动的效果，如图 4-75 所示。

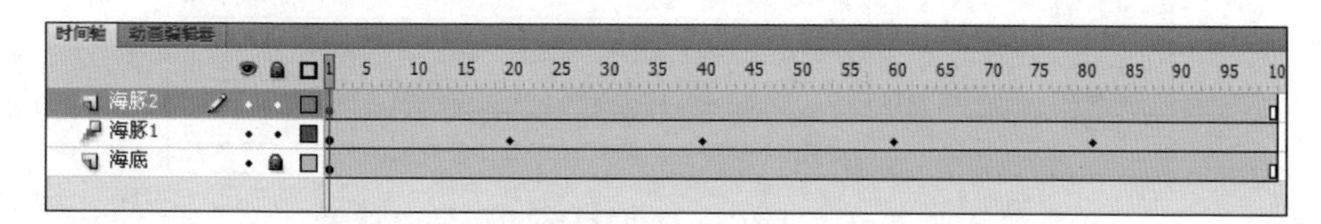

图 4-74　灰海豚动画制作好后的“时间轴”面板

(22) 按照同样方法制作出小黄鱼浮动的动画效果，如图 4-76 所示。

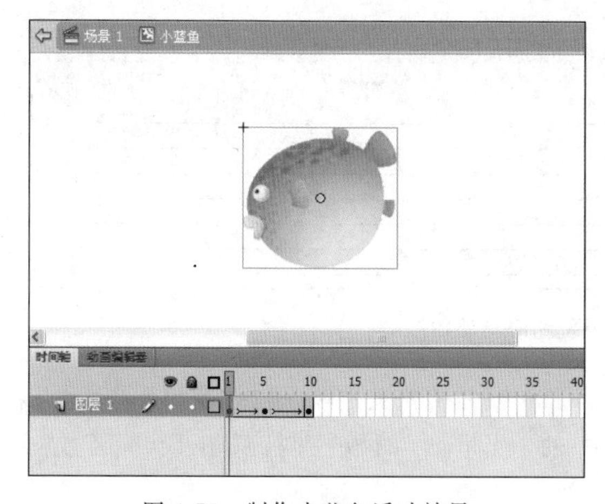

图 4-75　制作小蓝鱼浮动效果

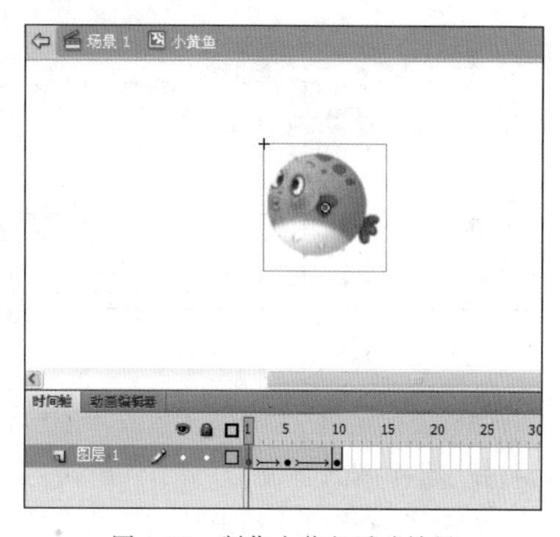

图 4-76　制作小黄鱼浮动效果

(23) 按照同样方法制作出黄海马浮动的动画效果，如图 4-77 所示。

(24) 按照同样方法制作出绿海马浮动的动画效果，如图 4-78 所示。

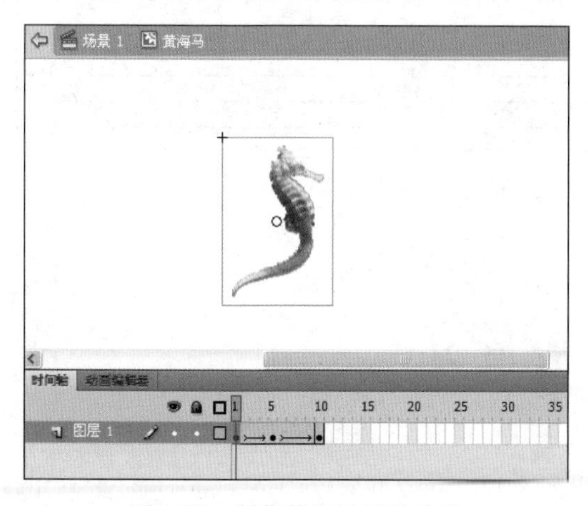

图 4-77　制作黄海马浮动效果

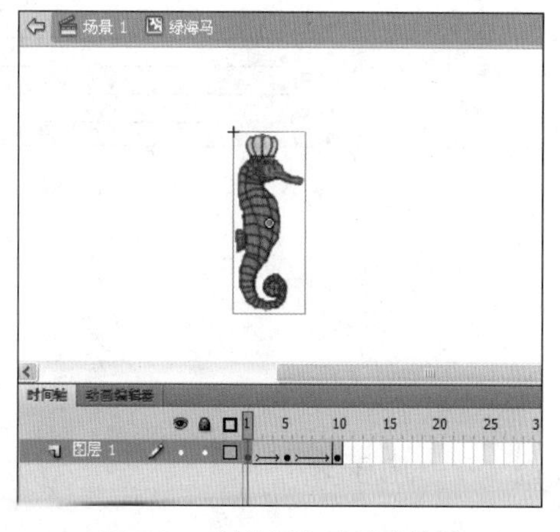

图 4-78　制作绿海马浮动效果

(25) 返回到场景 1，分别新建图层“小鱼 1”、“小鱼 2”、“海马 1”和“海马 2”图层，如图 4-79 所示。

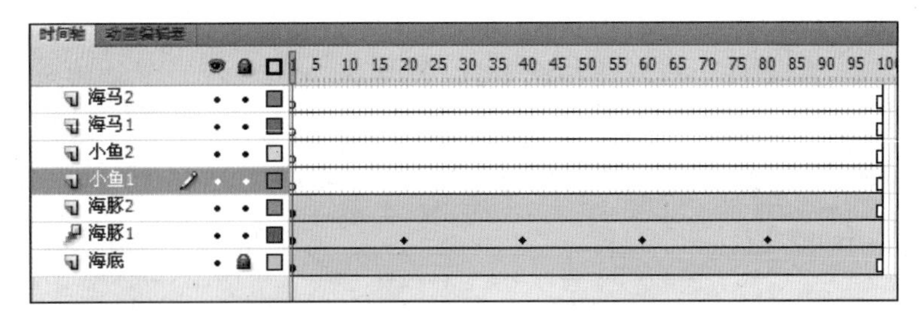

图 4-79　新建小鱼和海马动画图层

(26) 参照步骤(13)至步骤(20),制作出小鱼和海马游动的效果,"时间轴"面板效果如图 4-80 所示。

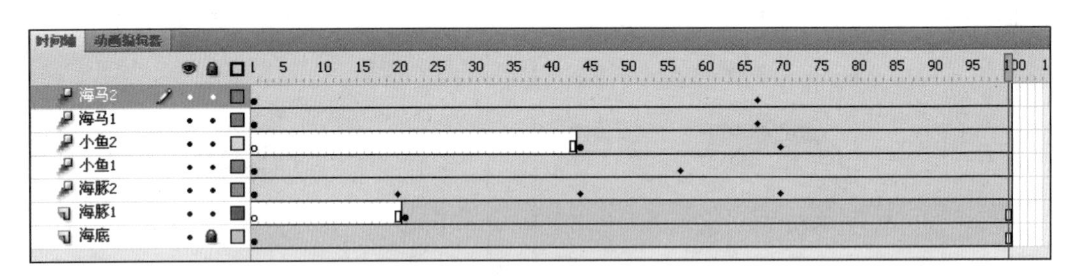

图 4-80　创建小鱼和海马的图层

(27) 新建图层 9 命名为"播放控制",在第 100 帧处插入关键帧,选择"窗口"|"动作"菜单,打开"动作-帧"面板,打开"全局函数"中 的"时间轴"面板控制,双击 Stop 函数,如图 4-81 所示,这样便为动画添加了结束控制。

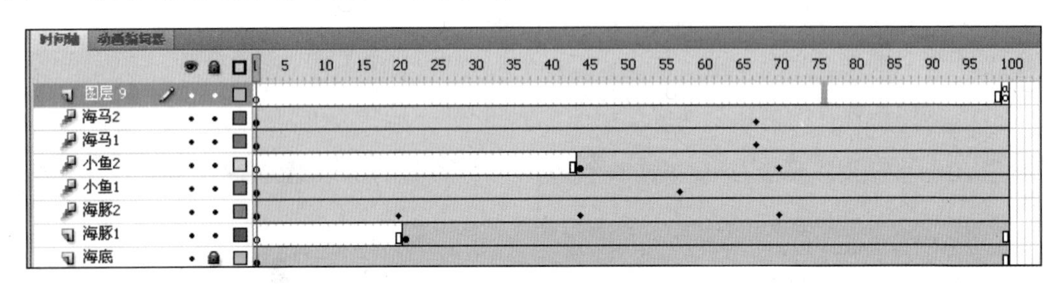

图 4-81　创建播放控制图层

(28) 动画最终效果如图 4-56 所示。

4.2　实 战 演 习

实战 4-1　电子表

1. 效果

(1) "时间轴"面板如图 4-82 所示。

(2) 动画效果如图 4-83 所示。

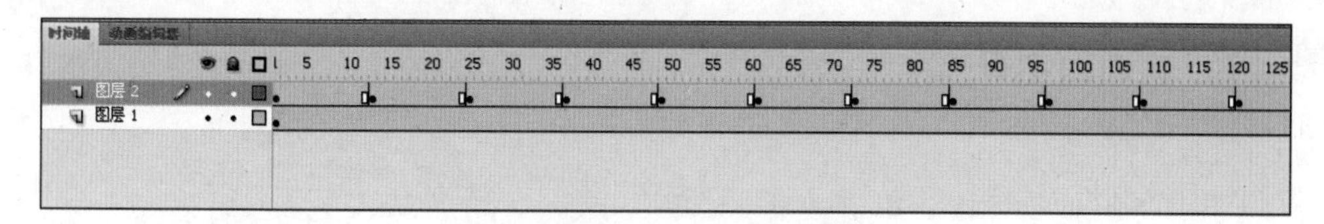

图 4-82　电子表

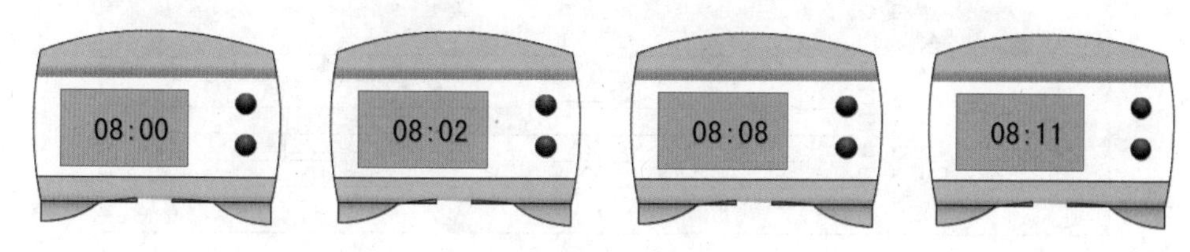

图 4-83　动画效果

2. 制作提示

主要应用逐帧动画的知识来制作完成。首先新建图层并绘制出电子表的形状；新建图层并添加关键帧，按照时间流逝的顺序分别添加秒值的变化。由于设置的动画帧频为12fps，因此，为各个关键帧的时间间隔设为 12 帧。

实战 4-2　滴墨水

1. 效果

(1)“时间轴”面板如图 4-84 所示。

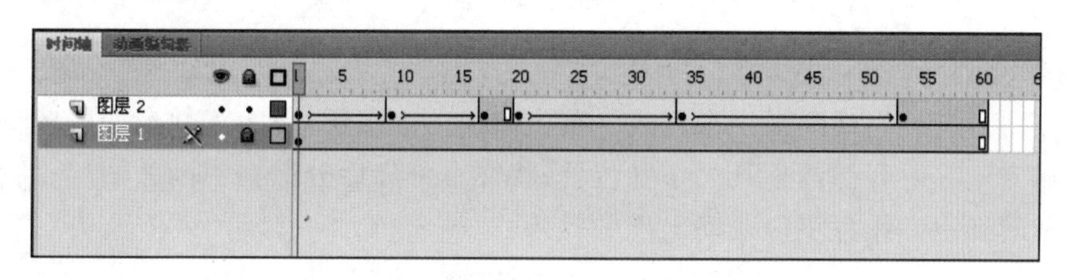

图 4-84　“时间轴”面板

(2) 动画效果如图 4-85 所示。

图 4-85　动画效果

2. 制作提示

主要利用形状补间完成。首先将笔和纸作为背景图层并调整好位置；创建水滴图层；在水滴图层第 1 帧上绘制滴落之前的水滴；然后依次做出水滴逐渐变大、滴落和渗透纸张的效果。

实战 4-3 跳动的字母

1. 效果

(1)“时间轴”面板如图 4-86 所示。

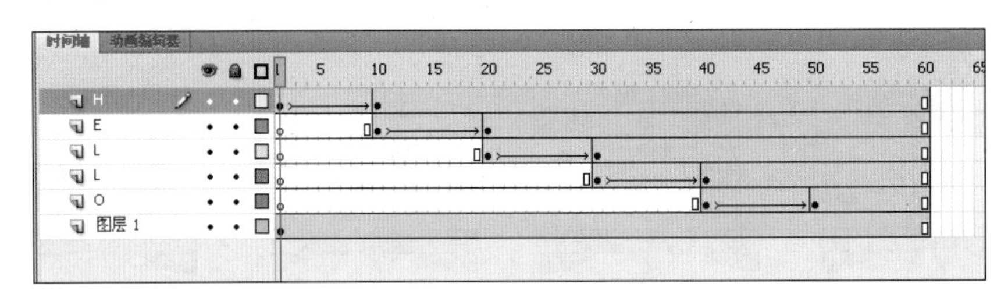

图 4-86 “时间轴”面板

(2)动画效果如图 4-87 所示。

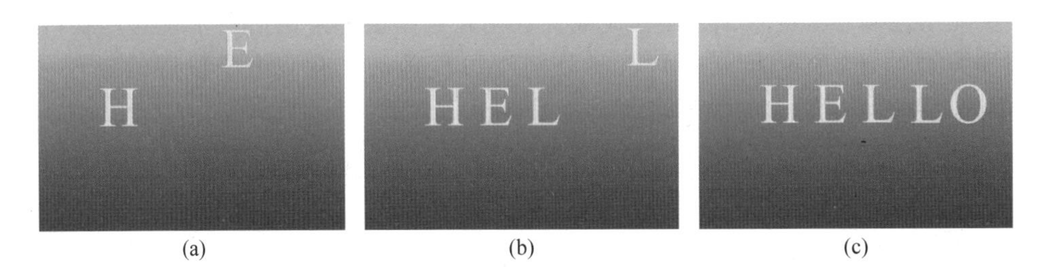

图 4-87 动画效果

2. 制作提示

主要使用传统补间动画知识来完成。首先新建一个图层，设为线性渐变的蓝色背景；用文本工具输入文本内容并调整其大小和位置；将文本分离后分散在不同的图层；利用建立传统补间动画的知识制作各字母跳动出现的效果。

第5章　特效动画

【学习目标】

（1）了解滤镜的基础知识。

（2）能够结合其他动画技术制作滤镜特效。

【本章综述】

Flash 中除了可以利用补间制作动画之外，还提供了许多魔术般的特效动画，这些特效动画可以很轻松地制作出效果丰富多彩的动画来，例如为对象添加滤镜等。

5.1　案　　例

案例 5-1　十五的月亮

1. 案例分析及效果

本案例制作夜空的效果。主要使用滤镜来完成，效果如图 5-1 所示。

2. 制作思路

（1）背景和星星用绘图工具来完成。

（2）在月亮上添加发光滤镜。

3. 案例实现过程

（1）新建一个大小为 550×400 像素，帧频为 24fps 的文档。

（2）选择矩形工具，在矩形工具的“属性”面板设置填充色为白色到蓝色的“线性”填充，如图 5-2 所示。

图 5-1　十五的月亮

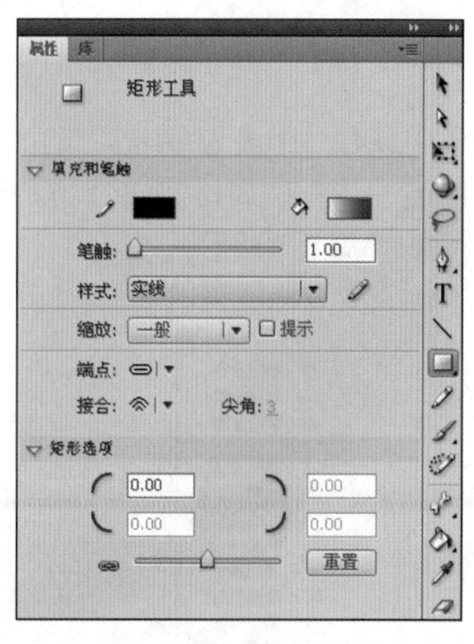

图 5-2　矩形工具“属性”面板

(3) 使用矩形工具画一个和舞台一样大小的矩形，并使用渐变变形工具对矩形的填充色进行旋转和编辑，如图 5-3 所示。

(4) 右击夜空，在弹出的快捷菜单中选择“转换为元件”菜单，打开“转换为元件”对话框，在“名称”栏输入“夜空”，单击“确定”按钮，如图 5-4 所示。

图 5-3　绘制夜空

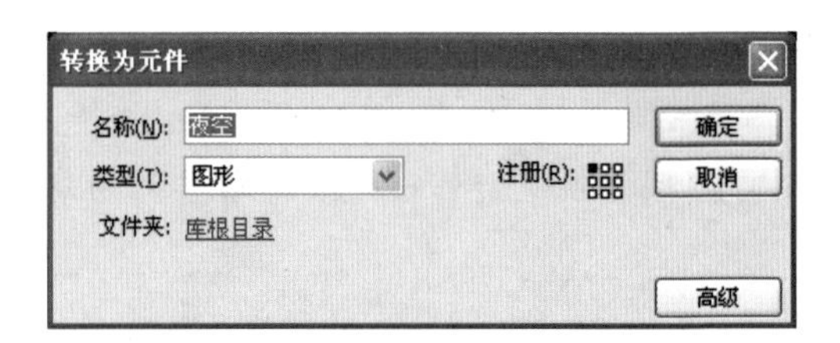

图 5-4　将夜空转换为元件

(5) 新建一个名为“星星”的图形元件，进入到元件的编辑模式，选择多角星形工具，在“属性”面板上单击“选项”按钮，打开“工具设置”对话框，进行如图 5-5 所示的设置，并在元件的编辑模式中绘制出浅黄色的星星。

(6) 新建一个名为“月亮 1”的影片剪辑元件，进入元件的编辑模式，选择椭圆工具，绘制一个正圆。为方便编辑，先将颜色设置为黄色，如图 5-6 所示。

图 5-5　设置“星星”元件

图 5-6　绘制月亮

(7) 新建一个名为“月亮 2”的图形元件，进入元件的编辑模式，将影片剪辑“月亮 1”拖入到舞台中，打开“属性”面板下方的滤镜下拉框，单击下方的添加滤镜按钮，为对象添加“发光”滤镜，如图 5-7 所示。

(8) 设置发光滤镜的参数，如图 5-8 所示。

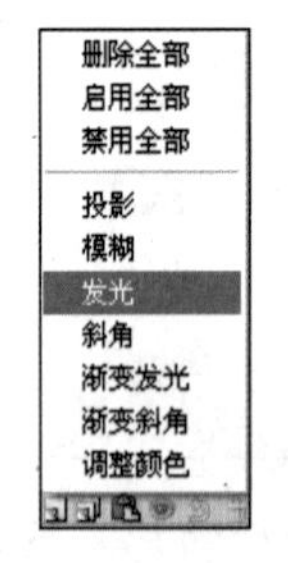

图 5-7　添加滤镜

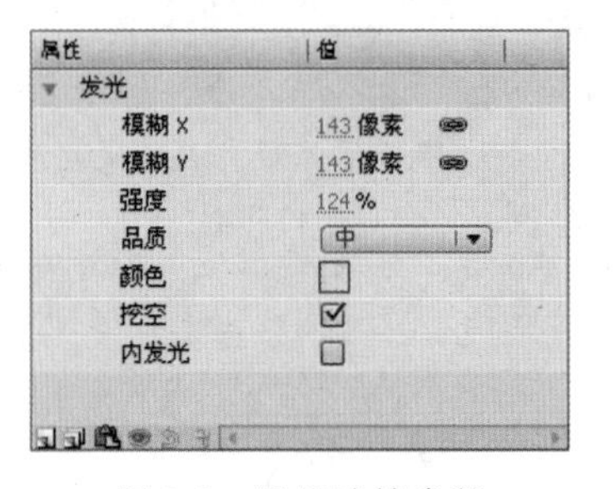

图 5-8　设置滤镜参数

(9) 添加发光滤镜后的月亮散发出黄色的光晕，此时将元件“月亮 1”中月亮的颜色修改为白色，如图 5-9 所示。

(10) 单击“场景 1”返回场景，在“图层 1”中将夜空元件拖入到舞台中并调整位置；新建一个“图层 2”，将元件“月亮 2”拖入到舞台并调整大小和位置，如图 5-10 所示。

图 5-9　添加滤镜后的月亮

图 5-10　放置月亮

(11) 新建一个“图层 3”，在“图层 3”中将“星星”元件拖入到舞台中，反复拖动“星星”元件到舞台中，产生多个实例，调整每个实例的属性，例如大小、位置、不透明度、亮度等，产生夜空中的繁星的效果，如图 5-11 所示。

图 5-11　星星元件的实例

(12) 选择“控制”|“测试影片”菜单就可以预览夜空的效果了，如图 5-1 所示。

(13) 选择“文件”|“保存”菜单，输入文件名称并保存当前文件。

案例 5-2　片头字幕效果

1. 案例分析及效果

本案例制作片头字幕的效果，呈现片头字幕由模糊变清晰的过程。主要使用模糊滤镜和补间动画来完成。效果如图 5-12 所示。

2. 制作思路

(1) 利用传统补间动画制作图片和背景。

(2) 在文本上添加模糊滤镜,并制作传统补间动画。

3. 案例实现过程

(1) 新建一个大小为 550×400 像素,帧频为 12fps 的文档,背景设置为灰色。

(2) 新建名为"蝴蝶 1"、"蝴蝶 2"的图形元件,分别将图片"蝴蝶 1. png"、"蝴蝶 2. png"导入到相应的元件中,如图 5-13 所示。

图 5-12 片头字幕

图 5-13 创建蝴蝶元件

(3) 将"图层 1"改名为"蝴蝶 1",将元件"蝴蝶 1"拖入到舞台中,在第 60 帧插入关键帧,在第 1 帧和第 60 帧中间任何一帧右击,从弹出的菜单中选择"创建传统补间"菜单,如图 5-14 所示。

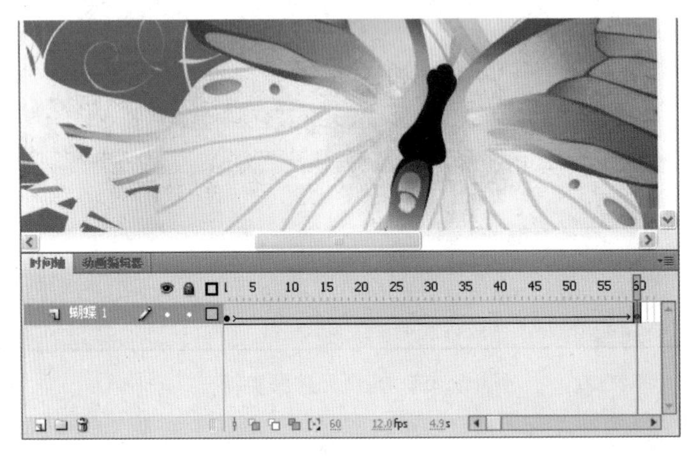

图 5-14 创建传统补间动画

(4) 利用任意变形工具缩小第 1 帧中的图片并放置在舞台左上角,打开"属性"面板,在第 60 帧将图片的不透明度(Alpha) 设置为 30%,如图 5-15 所示。

(5) 新建一个名为"蝴蝶 2"的图层,在第 40 帧和第 100 帧插入关键帧,将元件"蝴蝶 2"拖入到舞台中,该图层和"蝴蝶 1"图层中的动画参数设置相同,即图层"蝴蝶 2"的第 40 帧、第 100 帧分别和图层“蝴蝶 1”的第 1 帧、第 60 帧的参数相同。

(6) 选择“蝴蝶 1”图层的第 1 帧，打开“属性”面板，将缓动值修改为 100。将“蝴蝶 2”图层的第 40 帧作同样设置，如图 5-16 所示。

图 5-15 设置参数

图 5-16 设置缓动值

(7) 新建一个名为“文本 1”的影片剪辑元件，利用文本工具输入静态文本“蝴蝶飞”，设置合适的大小及颜色，如图 5-17 所示。

(8) 单击“场景 1”返回场景，新建一个名为“文本 1”的图层，将影片剪辑“文本 1”拖入到舞台中，在第 50 帧插入关键帧，选中第 1 帧，单击文本，打开“属性”面板，选择滤镜选项下方的“添加滤镜”按钮，在弹出的快捷菜单中选择“模糊”滤镜，设置模糊滤镜的参数，如图 5-18 所示。

图 5-17 创建文本

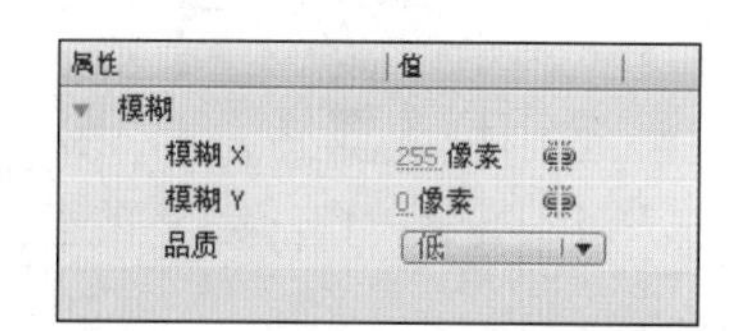

图 5-18 设置滤镜参数

(9) 在“文本 1”图层的第 1 帧和第 50 帧中间任何一帧右击，在弹出的快捷菜单中选择“创建传统补间”菜单，并打开“属性”面板的补间选项，设置缓动值为－100。设置后的效果如图 5-19 所示。

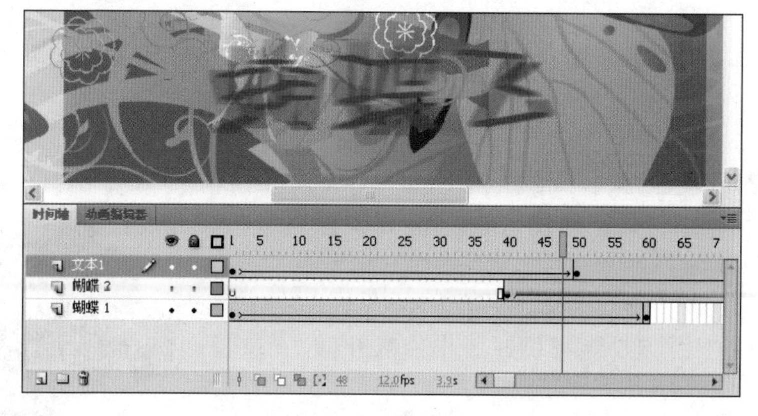

图 5-19 创建动画并设置缓动值

(10) 重复上述步骤(5)至步骤(9),制作另外一个文本由模糊变清晰的补间动画。

(11) 在所有图层上方新建一个图层"长方形",选择矩形工具,在舞台上方绘制一个和舞台宽度一样的无边框的矩形条,颜色设置为黑色。然后复制一个放置到舞台下方,如图 5-20 所示。

图 5-20　绘制并复制矩形条

(12) 选择"控制"|"测试影片"菜单就可以预览片头字幕的效果了,如图 5-12 所示。

(13) 选择"文件"|"保存"菜单,输入文件名称并保存当前文件。

案例 5-3　移动的影子

1. 案例分析及效果

本案例制作物体的影子随着太阳的移动而逐渐运动的效果。主要使用发光、投影滤镜、引导线动画和传统补间动画来完成。效果如图 5-21 所示。

图　5-21

2. 制作思路

(1) 首先用绘图工具绘制发光的太阳,在太阳上使用发光滤镜。

(2) 为太阳制作引导线动画。

(3) 在花朵上添加投影滤镜并制作传统补间动画。

3. 案例实现过程

(1) 新建一个大小为 550×400 像素,帧频为

24fps 的文档。

(2) 新建一个名为“圆”的影片剪辑元件，使用椭圆工具绘制一个正圆，并用放射状进行填充，如图 5-22 所示。

(3) 新建一个名为“太阳”的影片剪辑元件，将元件“圆”拖入到舞台中，为该元件的实例添加“发光”滤镜，滤镜参数的设置如图 5-23 所示。

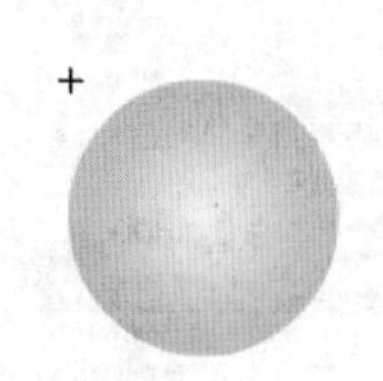

图 5-22　绘制正圆

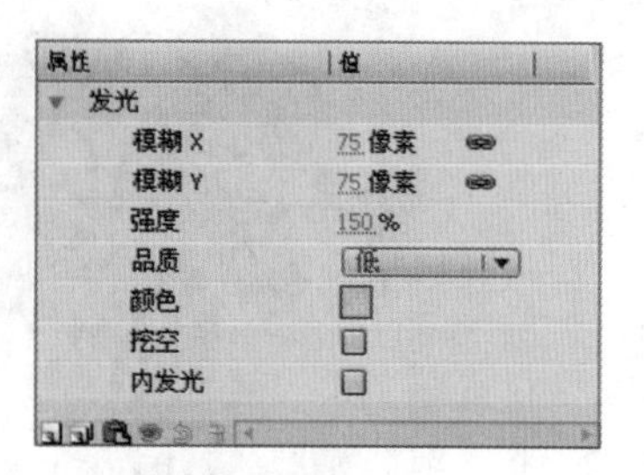

图 5-23　滤镜参数设置

(4) 单击“场景 1”返回场景，新建一个图层，使用线条工具绘制一个光条，将光条转换为填充，并使用颜料桶工具填充为线性渐变色。选择“窗口”|“变形”菜单，打开“变形”面板，将“旋转”选项修改为 15，如图 5-24 所示。

(5) 重复单击“变形”面板右下角的“重置选区和变形”按钮多次，直到舞台中的太阳光线组成完整的一周，绘制出太阳，如图 5-25 所示。

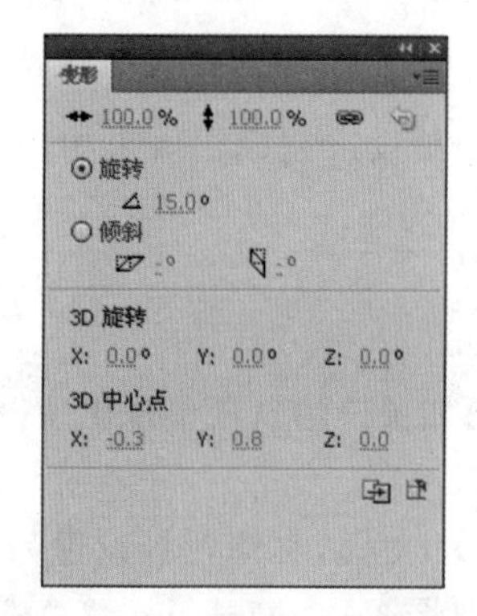

图 5-24　设置“变形”面板

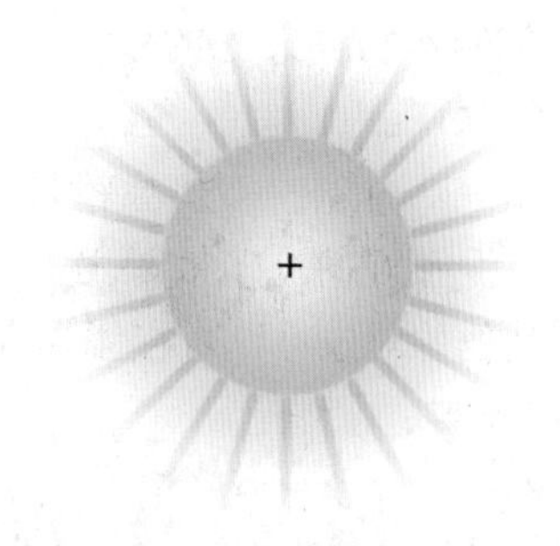

图 5-25　绘制太阳

(6) 新建一个名为“花朵”的影片剪辑元件，将素材“花朵.gif”导入到舞台中。单击“场景 1”返回场景，将“花朵”元件拖入到舞台中并调整位置和大小。

(7) 新建一个名为“太阳”的图层，将“太阳”元件拖入到舞台中，在“太阳”图层上右击，在弹出的快捷菜单中选择“添加传统运动引导层”菜单，使用线条工具在引导层中绘制直线，并使用选择工具对直线进行调整，如图 5-26 所示。

(8) 在“太阳”图层的第 100 帧插入关键帧，在第 1 帧将太阳和引导线的左端点对齐，在第 100 帧将太阳和引导线的右端点对齐，在第 1 帧与第 100 帧中间任何 帧右击，在弹出的快捷菜单中选择“创建传统补间”，创建太阳运动的引导线动画。选中第 1 帧，在“属性”面板将“旋转”属性修改为“顺时针”，数值为 1。

(9) 在“花朵”图层的第 100 帧插入关键帧，在第 1 帧选中花朵，打开“属性”面板的滤镜选项，选择滤镜选项下方的“添加滤镜”按钮，在弹出的快捷菜单中选择“投影”滤镜，设置投影滤镜的参数，如图 5-27 所示。

图 5-26　创建运动引导层

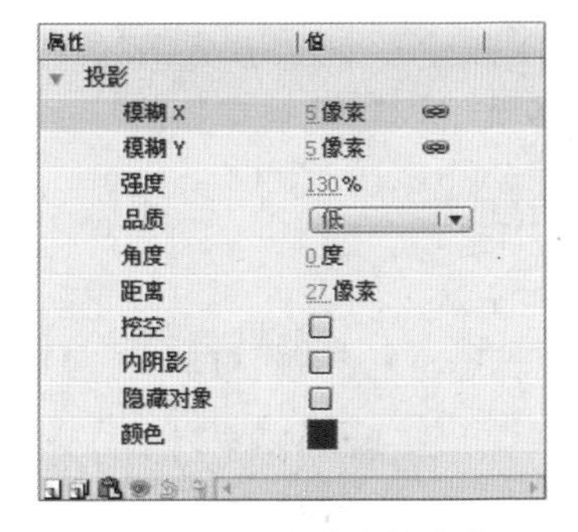

图 5-27　起始帧滤镜参数

(10) 在第 100 帧修改投影滤镜中“角度”参数修改为 90，其他参数不变。在第 1 帧与第 100 帧中间任何一帧右击，在弹出的快捷菜单中选择“创建传统补间”命令。

(11) 选择“控制”|“测试影片”菜单就可以预览移动的影子的效果了，如图 5-21 所示。

(12) 选择“文件”|“保存”菜单，输入文件名称并保存当前文件。

案例 5-4　发光的球拍

1. 案例分析及效果

本案例制作物体发光的效果。主要使用发光滤镜和预设来完成。效果如图 5-28 所示。

2. 制作思路

(1) 在一个对象上添加滤镜效果，可以是任何滤镜。

(2) 将设置好的滤镜效果另存为预设。

(3) 其他的对象可以直接添加存好的预设，从而使添加预设的对象呈现出预设中的效果。

3. 案例实现过程

(1) 新建一个大小为 550×400 像素，帧频为 24fps 的文档，文档背景设置为黑色。

(2) 新建名为“篮球”、“球拍”的影片剪辑元件，分别将图片“篮球. png”、“球拍. png”导入元件。

(3) 单击“场景 1”返回场景，将元件“篮球”拖入到舞台中，为篮球添加“发光”滤镜，设置滤镜参数，如图 5-29 所示。

图 5-28　发光的球拍

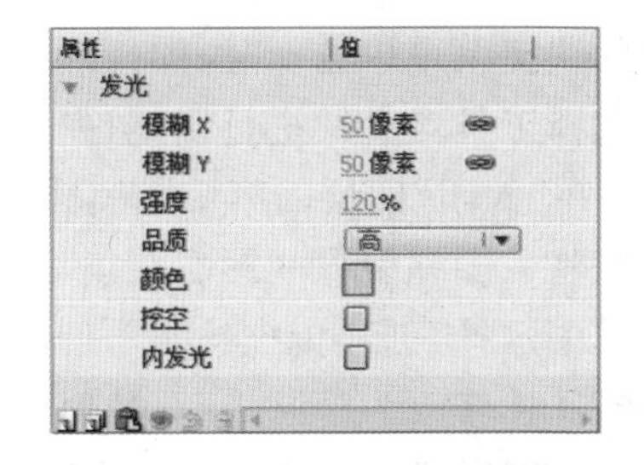

图 5-29　滤镜参数设置

(4) 单击滤镜选项下方的“预设”按钮，在弹出的快捷菜单中选择“另存为”选项，如图 5-30 所示。

(5) 在弹出的对话框中将预设命名为“光芒”，单击“确定”按钮，如图 5-31 所示。

图 5-30　另存为预设

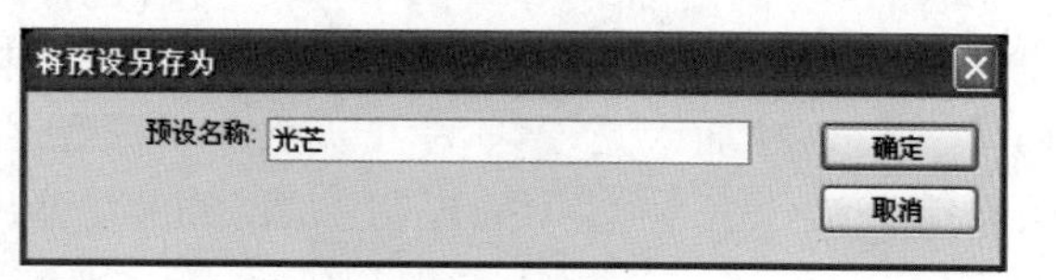

图 5-31　命名预设

(6) 删除舞台中的篮球，将“球拍”元件拖入到舞台中，打开“属性”面板，单击滤镜选项下方的“预设”按钮，在弹出的快捷菜单中选择“光芒”选项，球拍就被加上了预设好的发光效果，此预设可以重复运用到多个对象上。

(7) 选择菜单“控制”|“测试影片”就可以预览添加预设后球拍发光的效果了，如图 5-28 所示。

(8) 选择“文件”|“保存”菜单，输入文件名称并保存当前文件。

案例 5-5　变色龙

1. 案例分析及效果

本案例制作变色龙颜色变化的效果。主要使用调整颜色滤镜和传统补间动画来完成。效果如图 5-32 所示。

2. 制作思路

(1) 新建一个影片剪辑元件，将素材“变色龙.jpg”导入到舞台。

(2) 在元件的实例上添加调整颜色滤镜，在不同的关键帧设置不同的色相值，变色龙会呈现出不同的颜色。

3. 案例实现过程

(1) 新建一个大小为 550×400 像素，帧频为 24fps 的文档，文档背景设置为白色。

(2) 新建名为“变色龙”的影片剪辑元件，将图片“变色龙.jpg”导入到元件的舞台中。

(3) 单击“场景 1”返回场景，将元件“变色龙”拖入到舞台中，为其添加“调整颜色”滤镜，设置滤镜参数，将色相设置为－180 如图 5-33 所示。

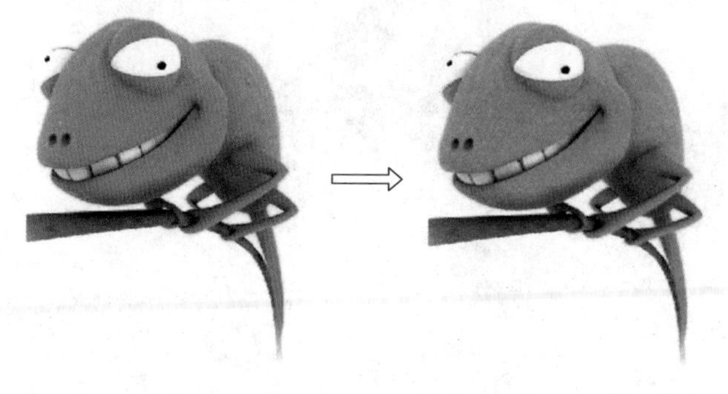

图　5-32

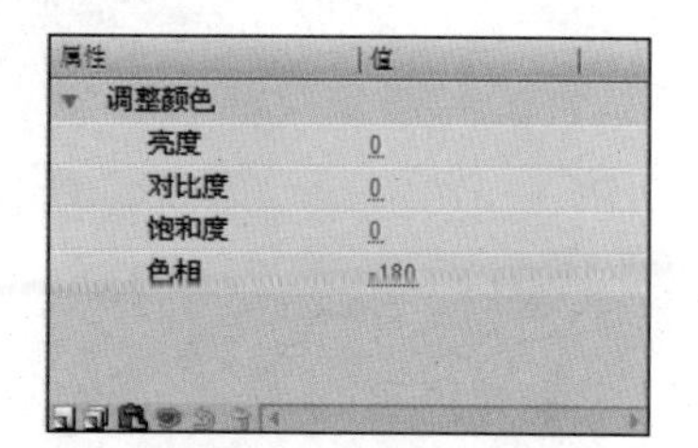

图 5-33　滤镜参数设置

知识链接：

色相就是色彩可以呈现出来的质的相貌，是区别各种不同色彩的最准确的标准，也是色彩的首要特征。

(4) 在第 20 帧插入关键帧，单击舞台中的变色龙图片，在“滤镜”面板将色相值修改为－120；在第 1 帧到第 20 帧中间任何一帧右击，在弹出的快捷菜单中选择“创建传统补间”菜单。

(5) 在第 40 帧插入关键帧，单击舞台中的变色龙图片，在“滤镜”面板将色相值修改为－40；在第 20 帧到第 40 帧中间任何一帧右击，在弹出的快捷菜单中选择“创建传统补间”菜单。

(6) 在第 60 帧插入关键帧，单击舞台中的变色龙图片，在“滤镜”面板将色相值修改为 20；在第 40 帧到第 60 帧中间任何一帧右击，在弹出的快捷菜单中选择“创建传统补间”菜单。

(7) 在第 80 帧插入关键帧，单击舞台中的变色龙图片，在“滤镜”面板将色相值修改为 80；在第 60 帧到第 80 帧中间任何一帧右击，在弹出的快捷菜单中选择“创建传统补间”菜单。

(8) 在第 100 帧插入关键帧，单击舞台中的变色龙图片，在“滤镜”面板将色相值修改为 140；在第 80 帧到第 100 帧中间任何一帧右击，在弹出的快捷菜单中选择“创建传统补间”菜单。

(9) 选择“控制”|“测试影片”菜单，就可以预览变色龙的效果了，如图 5-32 所示。

(10) 选择“文件”|“保存”菜单，输入文件名称并保存当前文件。

5.2 实战演习

实战 5-1 变色的花朵

1. 效果

变色的花朵效果如图 5-34 所示。

图 5-34 变色的花朵

2. 制作提示

主要使用传统补间动画和调整颜色滤镜来完成，首先将花朵素材放在一个影片剪辑当中，为这个影片剪辑的实例添加调整颜色滤镜，增加关键帧修改色相参数。

实战 5-2　发光的闹钟

1. 效果

发光的闹钟效果如图 5-35 所示。

图 5-35　发光的闹钟

2. 制作提示

主要使用发光滤镜来完成。

实战 5-3　美丽的夜空

1. 效果

美丽的夜空效果如图 5-36 所示。

图 5-36　美丽的夜空

2. 制作提示

主要使用模糊滤镜、发光滤镜来配合传统补间动画来完成。首先使用多角星形工具绘制星星元件，并在另外一个元件中制作星星闪烁的动画，使用椭圆工具绘制月亮，并在另外一个元件中制作月亮发光的动画，最后绘制场景，并将星星和月亮放置在场景中。

第6章 遮罩动画

【学习目标】

(1) 理解遮罩的基本原理、遮罩层和被遮罩层之间的关系。

(2) 能熟练创建遮罩层和被遮罩层,并结合动画技术创建遮罩动画。

(3) 会制作典型案例,如探照灯、万花筒、发光效果、百叶窗等。

【本章综述】

遮罩层是Flash中十分神奇的一种特殊图层,在动画制作过程中使用率非常高。遮罩动画是Flash的一种重要的动画形式,通过使用遮罩层,可以创作出很多复杂而实用的动画效果。本章将学习如何创建遮罩层,如何运用遮罩,配合其他动画知识来制作出漂亮的动画。

6.1 案 例

案例6-1 简易探照灯

1. 案例分析及效果

本案例制作探照灯的效果,探照灯所到之处,就像用电筒照亮夜景中前方的物体一样。主要使用传统补间动画和遮罩层来完成。效果如图6-1所示。

图6-1 简易探照灯

2. 制作思路

(1) 创建一个背景图层,导入图片,调整图片的大小和位置。

(2) 将创建好的背景图层进行复制。

(3) 修改下方图层图片的不透明度,使之以半透明状显示。

(4) 为上方图层添加遮罩层。

(5) 在遮罩层利用传统补间创建遮罩动画。

3. 案例实现过程

(1) 新建一个大小为550×400像素，帧频为12fps的文档。

(2) 将默认的"图层1"修改为"背景1"。

(3) 新建一个名为"背景"的图形元件，将素材"水果.jpg"导入到舞台当中，并修改图片的大小为550×400像素。将元件"背景"拖入到"场景1"中并居中放置，如图6-2所示。

图6-2 背景设置

(4) 在"背景1"图层上方新建一个名为"背景2"的图层，将"背景1"图层中的图片复制过去，此时，这两个图层中的内容相同。

(5) 锁定并隐藏"背景2"图层，修改"背景1"图层的不透明度(Alpha值)为50%，如图6-3所示。

图6-3 修改背景1的不透明度

(6) 新建一个名为"遮罩"的图层，利用椭圆工具绘制一个圆形遮罩，在圆形上右击，在弹出的快捷菜单中选择"转换为元件"菜单，将元件命名为"遮罩"，元件类型为"图形"，如图6-4所示。

图 6-4　创建遮罩图形

> **知识链接：**
>
> 遮罩动画就好比是在一张纸上挖了一个洞，这个洞可以有各种各样的形状，这张纸就相当于遮罩层，它的作用是透过遮罩层上面的图形看到下面图层的对象内容。遮罩类似于 Photoshop 中的“蒙版”。

(7) 在“遮罩”层的第 15、30、45 帧插入关键帧并移动遮罩的位置，在遮罩层中创建传统补间动画，在“背景 1”和“背景 2”层中的第 45 帧插入普通帧。在“遮罩”层上右击，在弹出的快捷菜单中选择“遮罩层”命令，将该图层转换为遮罩层，如图 6-5 所示。

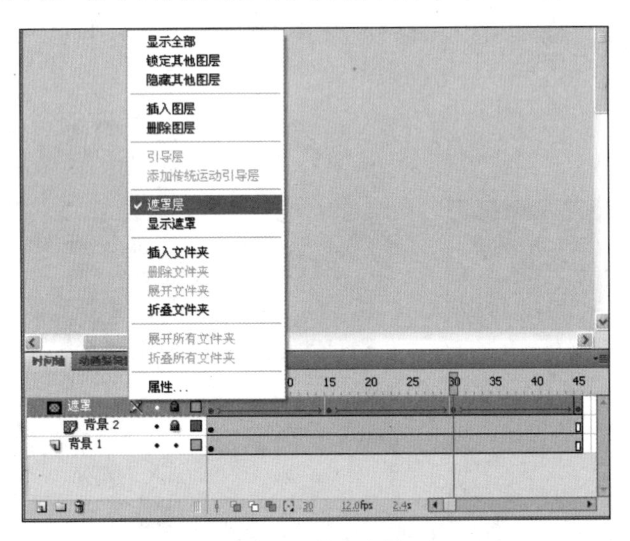

图 6-5　创建遮罩

> **知识链接：**
>
> 遮罩动画是由遮罩层和被遮罩层组成的，遮罩层中的实心对象被视为是透明的区域，透过这个区域可以看到下方被遮罩层的内容；而实心对象以外的区域，则被视为不透

明的区域，被这个区域覆盖的被遮罩层的内容不会被看到。

例如本案例中透过遮罩层中的圆形区域可以看到被遮罩层中的内容，而圆形之外的区域则只能看到“背景 1”图层中的半透明的内容。

(8) 选择“控制”|“测试影片”菜单就可以预览探照灯的效果了，如图 6-1 所示。

(9) 选择“文件”|“保存”菜单，输入文件名并保存当前文件。

案例 6-2　文字变色

1. 案例分析及效果

本案例制作文字颜色变化的效果，类似于卡拉 OK 字幕效果，是制作音乐 MV 动画常用的特效，主要使用遮罩层和文本工具来完成。效果如图 6-6 所示。

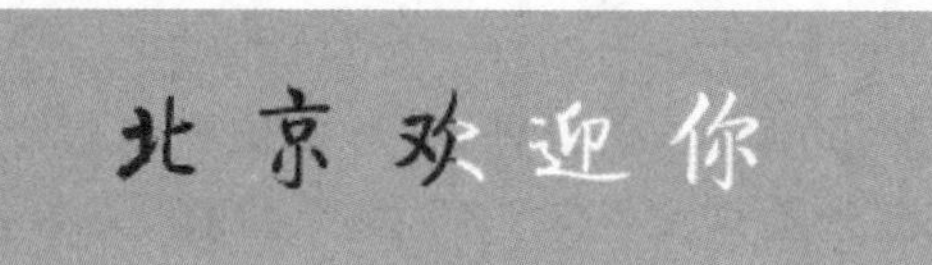

图 6-6　文字变色

2. 制作思路

(1) 创建两个文本图层，文本内容和位置相同，文本颜色不同。

(2) 为上方的文本图层添加遮罩图层，并创建遮罩动画。

3. 案例实现过程

(1) 新建一个大小为 400×100 像素，帧频为 12fps 的文档，将背景颜色设置为淡绿色，如图 6-7 所示。

(2) 将图层名字命名为“文本 1”，利用文本工具在舞台中输入“北京欢迎你”5 个字，设置字体的颜色为白色，并设置合适的大小和字体，如图 6-8 所示。

图 6-7　背景设置

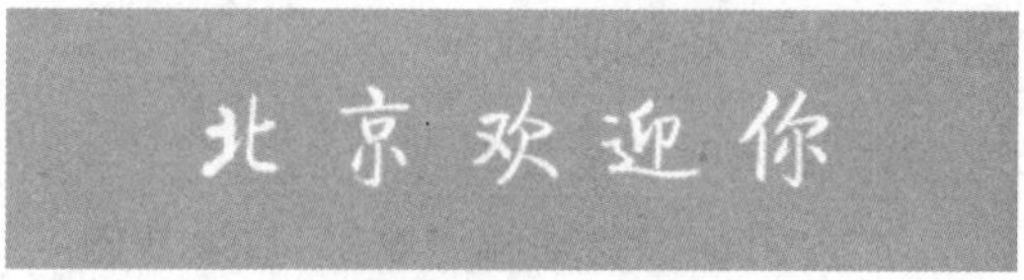

图 6-8　文本 1

(3) 新建一个名为“文本 2”的图层，将“文本 1”图层中的文本复制，选择“编辑”|“粘贴到当前位置”菜单，并将“文本 2”的图层中的文本颜色改变为蓝色，如图 6-9 所示。

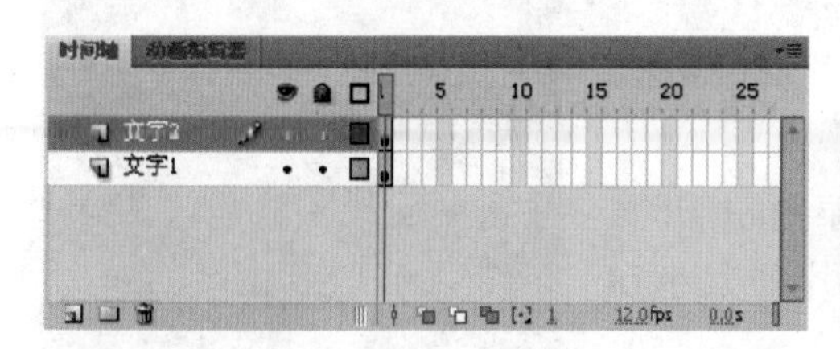

图 6-9　文本 2

(4) 新建一个名为“遮罩”的图层，利用矩形工具绘制一个矩形遮罩，遮罩的大小能够完全覆盖文字，在矩形上右击，在弹出的快捷菜单中选择“转换为元件”菜单，将元件命名为“遮罩”，元件类型为“图形”，如图 6-10 所示。

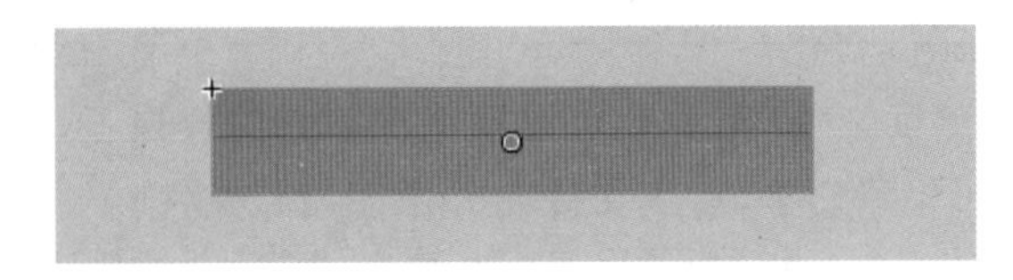

图 6-10　创建遮罩

知识链接：

遮罩层中的实心对象可以是形状、文本、图形元件的实例或影片剪辑等，线条不能作为遮罩层中的实心对象。

(5) 在“遮罩”层的第 35 帧插入关键帧，在遮罩层中创建传统补间动画，在第 1 帧将遮罩矩形移动到文本的左侧(未覆盖文本)。在“文本 1”和“文本 2”层中的第 35 帧插入普通帧。将“遮罩”层转换为遮罩层，如图 6-11 所示。

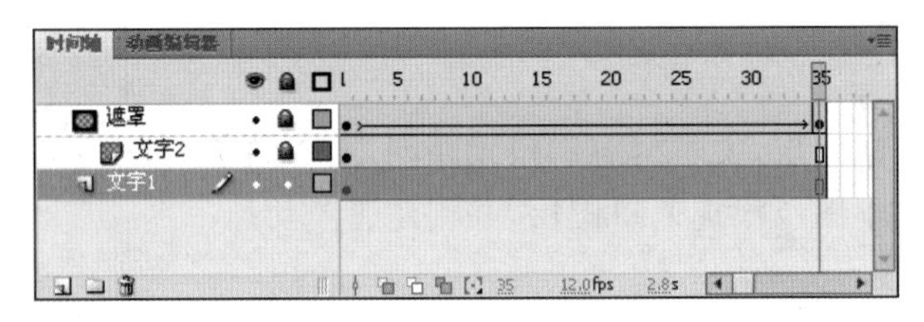

图 6-11　创建遮罩动画

(6) 选择“控制”|“测试影片”菜单，就可以预览文字变色的效果了，如图 6-6 所示。

(7) 选择菜单“文件”|“保存”菜单，输入文件名并保存当前文件。

案例 6-3　卷轴画效果

1. 案例分析及效果

本案例制作卷轴画的效果，效果如图 6-12 所示。

图 6-12　卷轴画

2. 制作思路

(1) 制作背景图层并绘制出画轴。

(2) 为图片图层添加遮罩图层，并创建遮罩动画。

3. 案例实现过程

(1) 新建一个 Flash 文档，大小设置为 300×400 像素，颜色为深紫色。

(2) 选择“文件”|“导入”|“导入到舞台”菜单，打开名为“书画.JPG”的文件，导入到舞台后调整图片的大小和位置。

(3) 新建一个图形元件“卷轴”，进入到元件的编辑模式，使用矩形工具绘制一个卷轴，并使用合适的线性渐变进行填充，如图 6-13 所示。

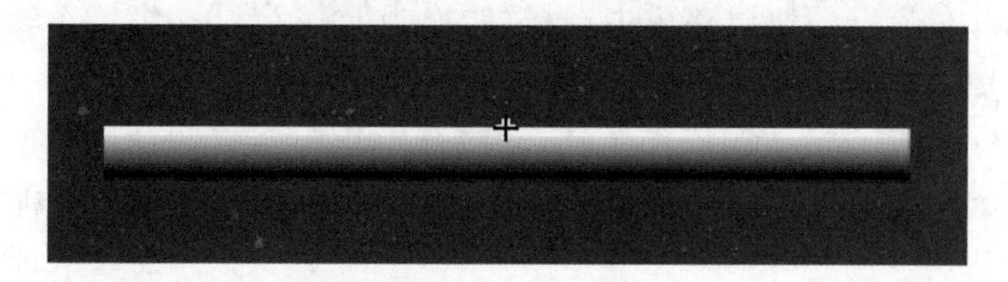

图 6-13　绘制卷轴

图 6-14　制作遮罩层的动画

(4) 新建一个“图层 2”，使用矩形工具绘制一个和“图层 1”中的图片大小一样的矩形。

(5) 在“图层 1”的第 60 帧插入帧，在“图层 2”的第 60 帧插入关键帧，将“图层 2”中第 1 帧中的矩形移动到画面外，如图 6-14 所示。

(6) 在“图层 2”第 1 帧到第 60 帧中间任何一帧右击，在弹出的快捷菜单中选择“创建传统补间”菜单。

(7) 在“图层 2”上右击，在弹出的快捷菜单中选择“遮罩层”菜单，将“图层 2”变为遮罩层。

(8) 新建一个“图层 3”，将元件“卷轴”拖入进来，对卷轴做动画，动画和“图层 2”中矩形框的动画一致。

(9) 选择“控制”|“测试影片”菜单，就可以预览书画卷轴的效果了。效果如图 6-12 所示。

(10) 选择“文件”|“保存”菜单，输入文件名并保存当前文件。

案例 6-4　旋转的地球

1. 案例分析及效果

本案例制作地球自转的效果，包括正面和背面两面的效果。效果如图 6-15 所示。

图 6-15　旋转的地球

2. 制作思路

(1) 首先制作地球自转一面的效果，圆形地球为遮罩层，地图为被遮罩层。

(2) 在制作好的自转效果上方新建一个图层，将蓝色地球复制到当前位置并修改不透明度，此时由于不透明度的变化，刚做好的地球自转的效果变成了背面效果。

(3) 接下来制作地球自转的正面效果，只需要把制作好的地球自转的一面的效果进行复制帧，并将所有帧进行翻转即可。

3. 案例实现过程

(1) 新建一个大小为 550×400 像素，帧频为 12fps 的文档。

(2) 新建一个名为“地球自转”的影片剪辑元件，进入到元件的编辑模式。

(3) 选择“文件”|“导入”|“导入到舞台”菜单,将名为“地图.png”的素材导入到舞台当中,在地图上右击,在弹出的快捷菜单中选择“转换为元件”菜单,将地图转换为名为“地图”的图形元件,如图 6-16 所示。

(4) 新建一个“图层 2”,使用椭圆工具,在舞台中绘制一个蓝色的正圆,并在其上右击,在弹出的快捷菜单中选择“转换为元件”菜单,将地球转换为名为“地球”的图形元件,如图 6-17 所示。

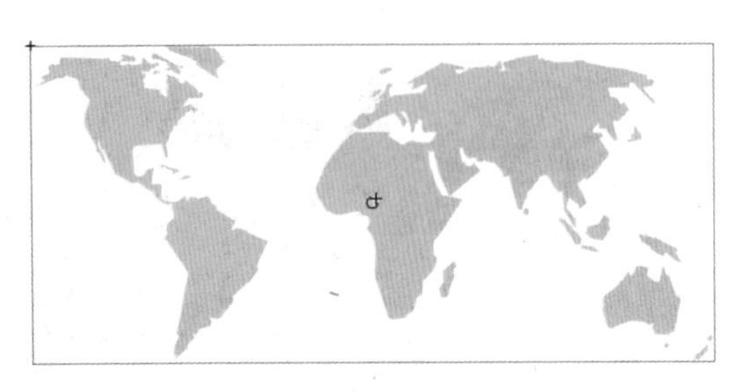

图 6-16　地图元件

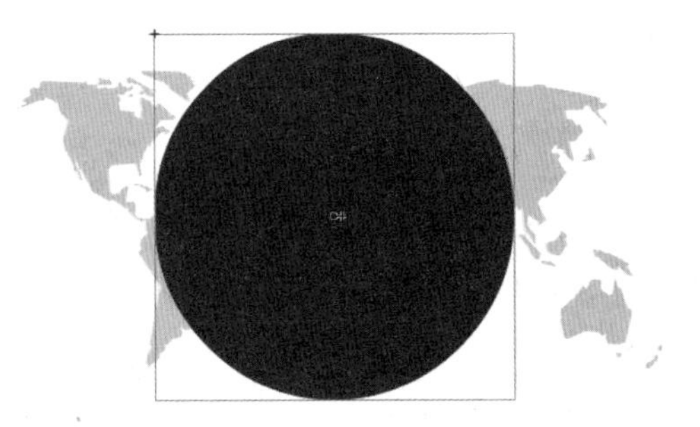

图 6-17　地球元件

知识链接:

遮罩层中的填充色、不透明度以及渐变色等会被忽略,其透明区域只与实心区域的形状有关。例如图 6-17 中圆形遮罩的颜色可以是任何颜色和不透明度。

(5) 在“图层 2”的第 25 帧插入帧,“图层 1”的第 25 帧插入关键帧,在第 1 帧将地图的左边和地球的左边对齐,第 25 帧将地图的右边和地球的右边对齐,然后在第 1 帧到第 25 帧中间任何一帧右击,在弹出的快捷菜单中选择“创建传统补间”菜单。在“图层 2”上右击,在弹出的快捷菜单中选择“遮罩层”菜单,将“图层 2”变为遮罩层,如图 6-18 所示。

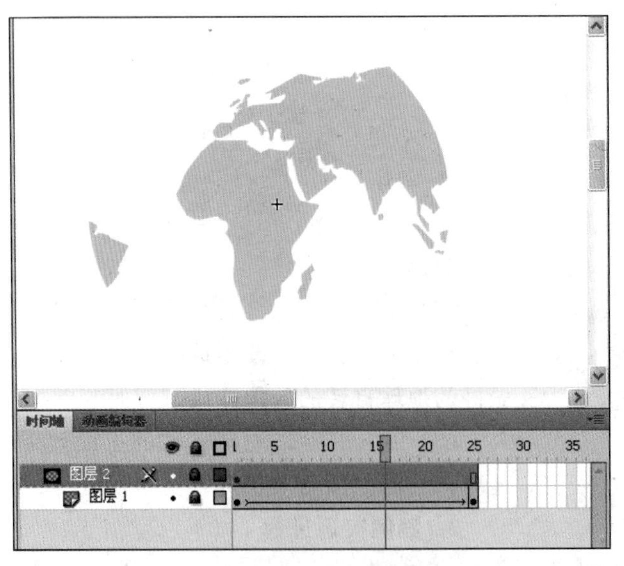

图 6-18　制作地球自转的遮罩动画

知识链接：

既可以对遮罩层做动画，也可以对被遮罩层做动画。一个遮罩层可以同时拥有一个以上的被遮罩层。

（6）新建一个“图层 3”，在“图层 2”中的地球上右击，在弹出的快捷菜单中选择“复制”菜单，选择“编辑”|“粘贴到当前位置”菜单，将地球粘贴到当前位置，如图 6-19 所示。

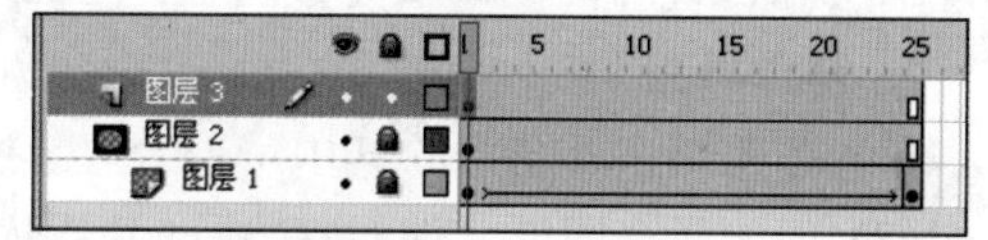

图 6-19　复制地球

（7）选中“图层 3”上的地球，打开“属性”面板，选择“样式”下拉列表框中的 Alpha 选项，并将 Alpha 值设置为 50%，将地球设置为半透明效果。此时，做出了地球自转的背面效果，如图 6-20 所示。

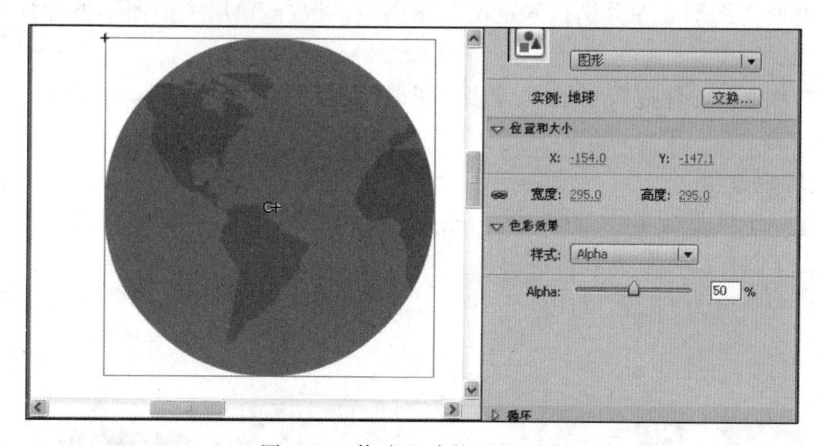

图 6-20　修改地球的不透明度

（8）新建一个“图层 4”，选中“图层 1”和“图层 2”上的所有帧并右击，在弹出的快捷菜单中选择“复制帧”菜单，选择“图层 4”的第 1 帧并右击，在弹出的快捷菜单中选择“粘贴帧”菜单，将“图层 1”和“图层 2”中的所有帧进行复制，如图 6-21 所示。

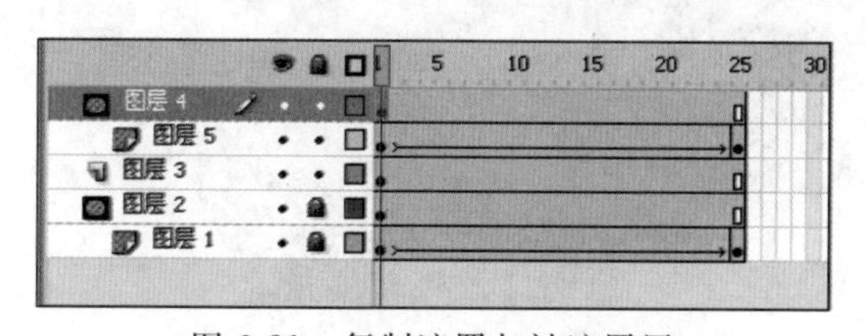

图 6-21　复制遮罩与被遮罩层

（9）选中“图层 4”和“图层 5”中的所有帧并右击，在弹出的快捷菜单中选择“翻转帧”菜单，将“图层 4”和“图层 5”中的所有帧进行翻转，制作出地球自转的正面效果，这样地球自转的正面和背面的效果都做成了。选择“控制”|“测试影片”菜单就可以预览地球自转的效果了，如图 6-15 所示。

知识链接：

翻转帧是将选中的帧进行翻转，产生动画倒播的效果。本案例中“图层 4”和“图层 5”是由“图层 1”和“图层 2”复制而来，所以其内容是相同的，但对“图层 4”和“图层 5”中的所有帧进行翻转后就产生了向相反方向进行播放的效果，从而产生了地球自转正反两面的效果。

(10) 选择“文件”|“保存”菜单，输入文件名并保存当前文件。

案例 6-5　万花筒

1. 案例分析及效果

本案例制作万花筒效果。通过简单的遮罩动画来实现华丽炫目的万花筒效果。主要使用遮罩层和传统补间动画来完成。效果如图 6-22 所示。

2. 制作思路

(1) 首先制作万花筒的其中一部分，整个万花筒由这部分旋转复制而成。

(2) 创建两个图形元件，将一幅图片导入其中一个元件中，此元件的内容将在被遮罩层中使用；在另一个元件中绘制等腰三角形，此元件的内容将在遮罩层中使用。

(3) 创建一个影片剪辑元件，在此元件中创建两个图层，分别作为遮罩层和被遮罩层，将上一步中的两个图形元件分别拖入这两个图层中，对被遮罩层中的图形做传统补间动画，使之旋转起来。

(4) 将影片剪辑元件拖入场景中，利用“变形”面板中的“重制选区和变形”组成最终的万花筒效果。

3. 案例实现过程

(1) 新建一个大小为 400×400 像素，帧频为 12fps 的文档，将舞台背景设置为粉色(参考颜色值“#FFCDCD”)。

(2) 新建一个名为“花朵”的图形元件，将名为“花朵.jpg”的素材导入到舞台当中，如图 6-23 所示。

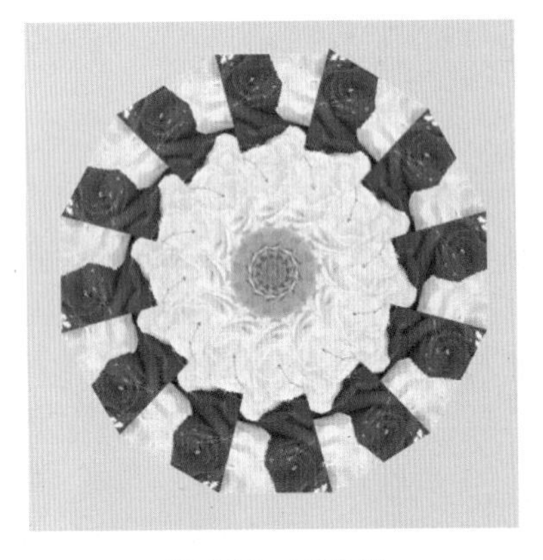

图 6-22　万花筒

图 6-23　导入制作万花筒的图片

(3) 新建一个名为“三角形”的图形元件，利用线条工具和“变形”面板画一个顶角为 30 度的等腰三角形，此时要选中“贴紧至对象”属性，并使用颜料桶将三角形填充任意颜色，填充颜色后删除边框颜色，如图 6-24 所示。

(4) 新建一个名为“万花筒”的影片剪辑元件，进入到元件的编辑模式，将“图层 1”名称修改为“花朵”，将图形元件“花朵”拖入到舞台中并调整位置，在第 30 帧插入关键帧，在第 1～30 帧中间任何一帧右击，在弹出的快捷菜单中选择“创建传统补间”，在“属性”面板中的“旋转”下拉列表框中，选择“逆时针”选项并设置为 1 次，如图 6-25 所示。

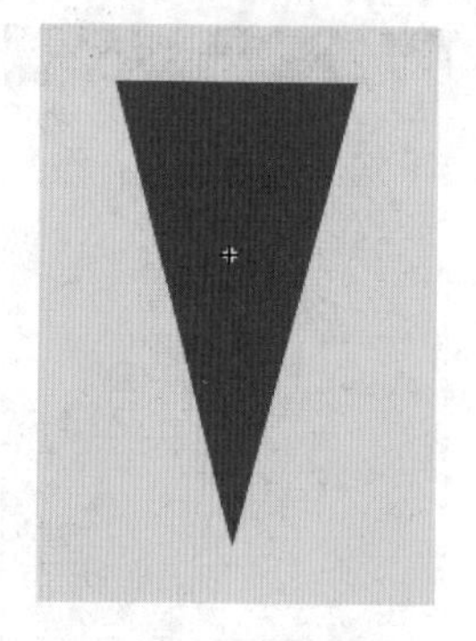

图 6-24　顶角为 30 度的等腰三角形

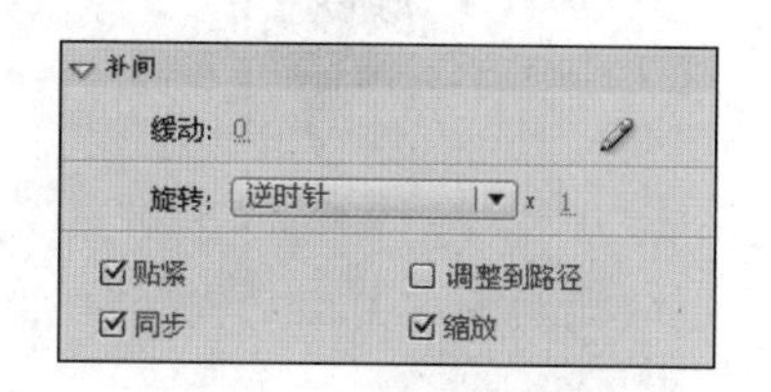

图 6-25　设置旋转属性

(5) 新建一个名为“三角形”的图层,将图形元件“三角形”拖入到舞台中并调整位置和大小,在“三角形”上右击,在弹出的快捷菜单中选择“遮罩层”菜单,将“三角形”变为遮罩层,如图 6-26 所示。

(6) 单击“场景 1”返回场景,将影片剪辑元件“万花筒”拖入到场景并调整其位置。选择任意变形工具,将中心点调整到三角形的顶点位置,如图 6-27 所示。

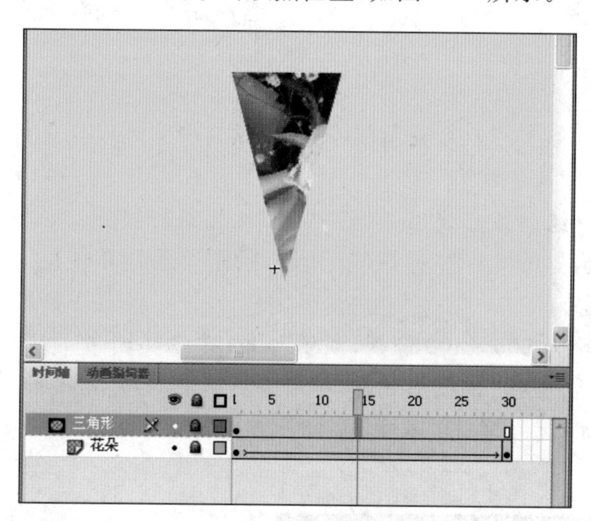

图 6-26　创建遮罩动画

知识链接:

使用任意变形工具可以对对象进行丰富的变形处理。本案例中将中心点调整到三角形的顶点位置,在进行旋转的时候就会围绕着调整后的中心点进行。

为了使中心点的调整尽量准确,可以将舞台进行放大后操作。

(7) 选择“窗口”|“变形”菜单,打开“变形”面板,将“旋转”选项修改为 30,即旋转的角度为三角形顶点的大小,如图 6-28 所示。

(8) 重复单击“变形”面板右下角的“重制选区和变形”按钮多次,直到舞台中的三角形组成一个完整的多边形。

(9) 选择“控制”|“测试影片”菜单就可以预览万花筒的效果,如图 6-22 所示。

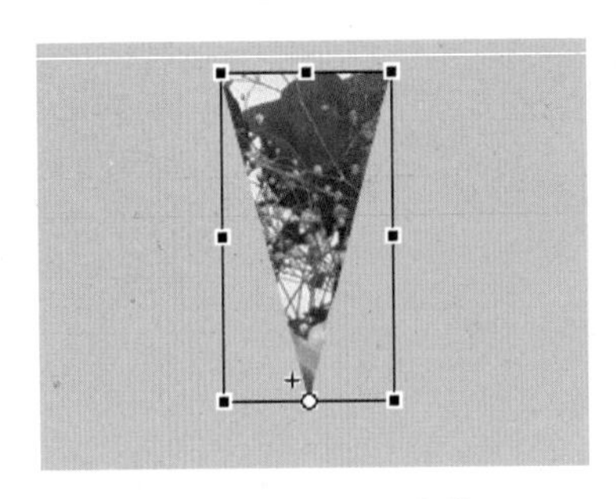

图 6-27　调整中心点位置

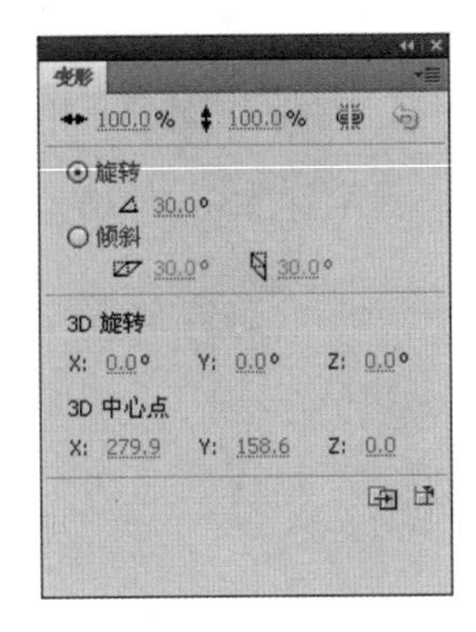

图 6-28　设置“变形”面板

(10) 选择“文件”|“保存”菜单，输入文件名并保存当前文件。

案例 6-6　闪闪发光的五星

1. 案例分析及效果

本案例制作五角星发光的效果。主要使用遮罩层和传统补间动画来完成。效果如图 6-29 所示。

2. 制作思路

(1) 首先用多角星形工具绘制五角星，并使用颜料桶工具对其进行填充，使其具有立体效果。

(2) 使用线条工具绘制发光线条，利用“变形”面板进行组合。

(3) 复制上述组合好的图形并对其进行变形处理，作为遮罩使用。

3. 案例实现过程

(1) 新建一个大小为 550×400 像素，帧频为 12fps 的文档。

(2) 新建一个名为“五星”的图形元件，单击工具箱中的“多角星形工具”按钮，笔触颜色为“黑色”，填充颜色为“无”，单击“属性”面板下方的“选项”按钮，在弹出的对话框中作如图 6-30 所示的设置。

图 6-29　闪闪发光的五星

图 6-30　多角星形工具设置

(3) 在舞台中绘制出一个五角星,如图 6-31 所示。

(4) 单击线条工具,并选中“贴紧至对象”属性,将五角星顶点与相对应的折点处连接起来,如图 6-32 所示。

(5) 单击颜料桶工具,将填充颜色设置为红色,填充五角星的接近光源的一部分的颜色,如图 6-33 所示。

图 6-31　绘制五角星

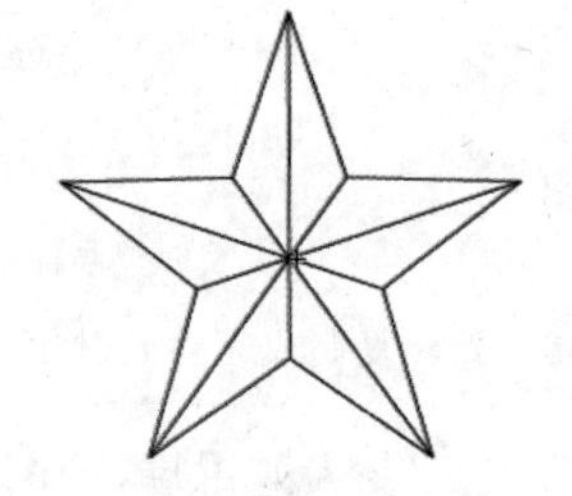

图 6-32　连接顶点和折点

图 6-33　填充颜色

(6) 继续使用颜料桶工具填充五角星另外一面的颜色,可以设置为暗红色,此时五角星的立体效果就较为明显了,如图 6-34 所示。

(7) 使用选择工具在五角星的边线上双击,选中边线,再按下键盘上的 Delete 键将边线删除,具有立体感的五角星就绘制好了,如图 6-35 所示。

(8) 新建一个名为“光线”的影片剪辑,使用矩形工具绘制一个没有边框的黄色矩形,如图 6-36 所示。

图 6-34　填充另一面的颜色

图 6-35　删除边线

图 6-36　绘制矩形

(9) 使用选择工具,调整该矩形的形状,并使用任意变形工具将矩形的中心点和舞台的中心点重合起来,如图 6-37 所示。

(10) 选择“窗口”|“变形”菜单,打开“变形”面板,将“旋转”选项修改为 15,重复单击“变形”面板右下角的“重制选区和变形”按钮多次,直到舞台中的图形组成一个完整的放射状图形,如图 6-38 所示。

(11) 新建一个图层 2,将图层 1 中图形进行复制,选中图层 2,选择“编辑”|“粘贴到当前位置”菜单,再选择“修改”|“变形”|“水平翻转”菜单,将图形复制到图层 2 中并进行变形处理,如图 6-39 所示。

(12) 在图层 1 的第 200 帧插入关键帧,在第 1 帧到第 200 帧中间任何一帧右击,在弹出的快捷菜单中选择“创建传统补间”菜单,在“属性”面板中的“旋转”下拉列表框中,选择“逆时针”选项并设置为 1 次。在图层 2 的第 200 帧插入帧。在图层 2 上右击,在弹出的快

图 6-37　调整形状和中心点　　图 6-38　旋转复制成完整放射状　　图 6-39　复制并翻转图形

捷菜单中选择“遮罩层”菜单，将“图层 2”变为遮罩层，如图 6-40 所示。

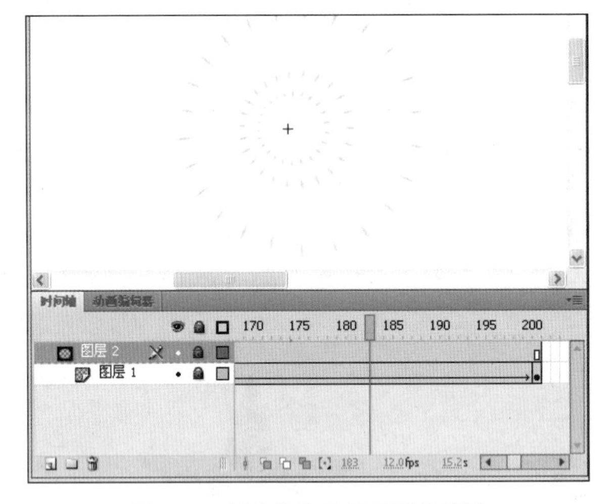

图 6-40　创建传统补间动画和遮罩

(13) 单击“场景 1”回到场景编辑模式，将“图层 1”名称修改为“背景”，使用矩形工具画一个和舞台大小相同的矩形，并将矩形颜色设置为放射状，如图 6-41 所示。

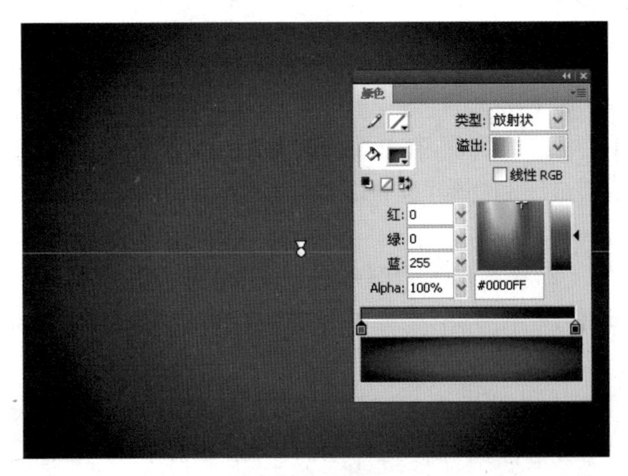

图 6-41　设置背景

(14) 新建一个名为“光线”的图层，将影片剪辑元件“光线”拖入到舞台中并调整位置；新建一个名为“五星”的图层，将图形元件“五角星”拖入到舞台中并调整位置，如图 6-42 所示。

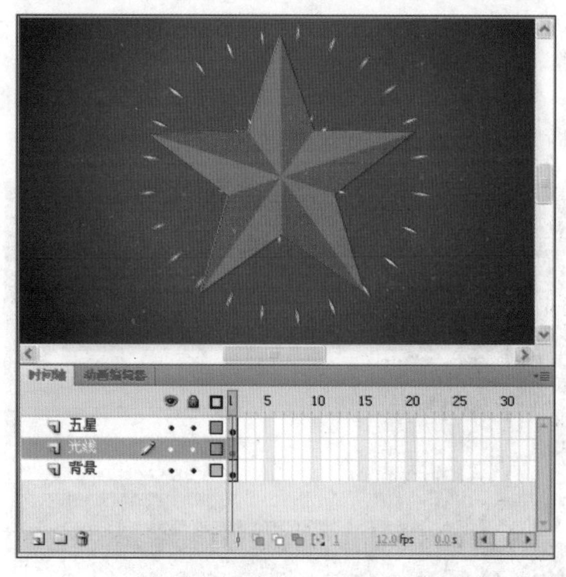

图 6-42 放置光线和五星

(15) 选择菜单“控制”|“测试影片”菜单就可以预览发光五星的效果了。效果如图 6-29 所示。

(16) 选择“文件”|“保存”菜单，输入文件名并保存当前文件。

案例 6-7 电影字幕效果

1. 案例分析及效果

本案例制作电影字幕的效果。主要使用遮罩层和传统补间动画来完成。效果如图 6-43 所示。

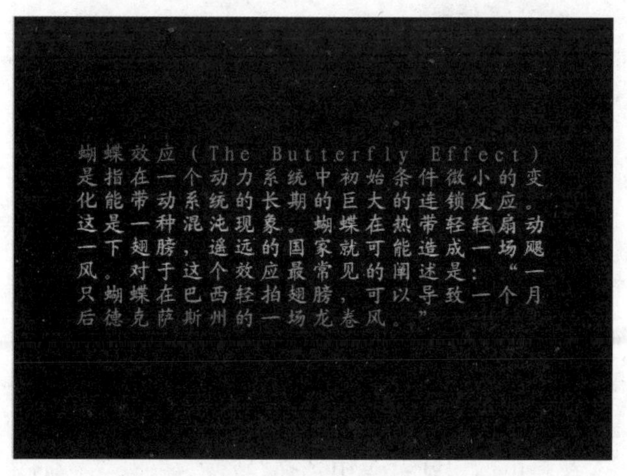

图 6-43 电影字幕

2. 制作思路

(1) 首先制作被遮罩层中的图形,绘制一个具有渐变填充的矩形。

(2) 制作文字层,文字层被作为遮罩层使用。

3. 案例实现过程

(1) 新建一个大小为 550×400 像素,帧频为 12fps 的文档,背景颜色设置为黑色。

(2) 使用矩形工具在舞台中绘制一个宽度为 550 的矩形,选择"窗口"|"颜色"菜单,打开"颜色"面板,将绘制的矩形用线性渐变填充,如图 6-44 所示。

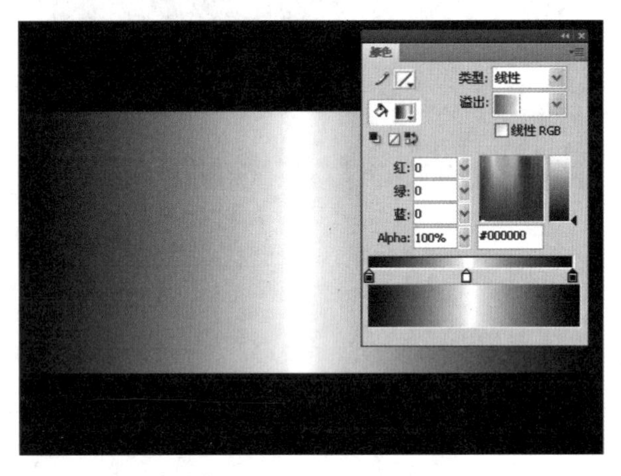

图 6-44　设置矩形渐变

(3) 使用渐变变形工具将渐变色旋转 90 度,将水平渐变改变为垂直渐变,并调整渐变色,如图 6-45 所示。

图 6-45　修改渐变

(4) 新建一个"图层 2",使用文本工具输入静态文本:蝴蝶效应(The Butterfly Effect)是指在一个动力系统中初始条件微小的变化能带动系统的长期的巨大的连锁反应。这是一种混沌现象。蝴蝶在热带轻轻扇动一下翅膀,遥远的国家就可能造成一场飓风。对于这个效应最常见的阐述是:"一只蝴蝶在巴西轻拍翅膀,可以导致一个月后得克萨斯州的一场龙卷风。"在文本上右击,在弹出的快捷菜单中选择"转换为元件"菜单,将文本转换为图形元件,如图 6-46 所示。

图 6-46　输入静态文本

（5）在“图层 2”的第 80 帧插入关键帧，在第 1 帧到第 80 帧中间任何一帧右击，在弹出的快捷菜单中选择“创建传统补间”菜单，选中第 1 帧，将文本移动到矩形的下方，如图 6-47 所示。

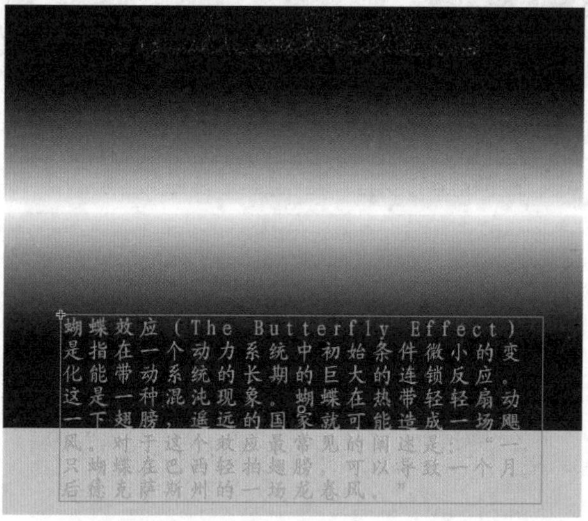

图 6-47　移动文本到矩形下方

（6）选中第 80 帧，将文本移动到矩形的上方，如图 6-48 所示。

图 6-48　移动文本到矩形上方

(7) 在“图层 2”上右击,在弹出的快捷菜单中选择“遮罩层”菜单,将“图层 2”变为遮罩层。在第 1 帧到第 80 帧中间任何一帧右击,在弹出的快捷菜单中选择“创建传统补间”菜单,如图 6-49 所示。

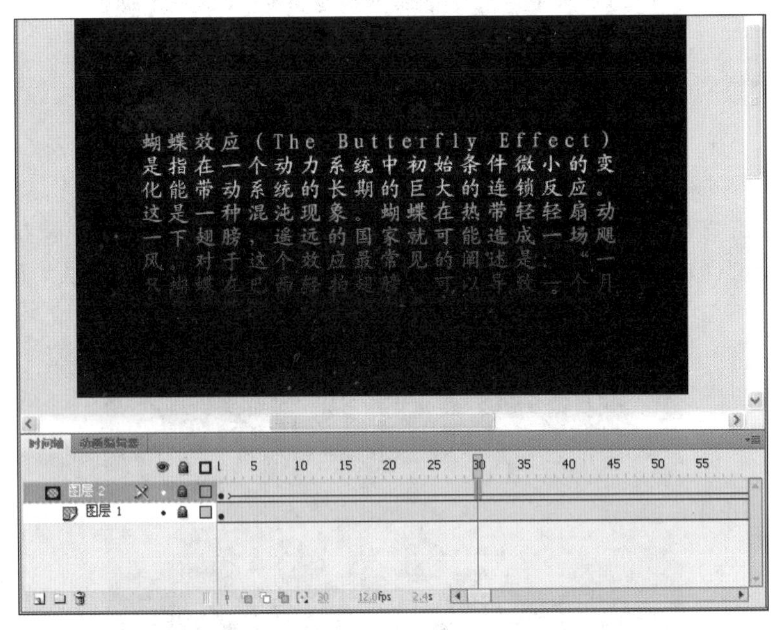

图 6-49　创建遮罩

(8) 选择“控制”|“测试影片”菜单可以预览电影字幕的效果了。效果如图 6-43 所示。

(9) 选择“文件”|“保存”菜单,输入文件名并保存当前文件。

案例 6-8　百叶窗

1. 案例分析及效果

本案例制作简单的百叶窗效果。主要使用遮罩层和补间形状动画来完成。效果如图 6-50 所示。

图　6-50

2. 制作思路

(1) 首先制作一个叶片,并通过补间形状来完成叶片形状的变化。

(2) 将多个叶片组合在一起。

(3) 组合后的多个叶片作为遮罩层,使图片产生百叶窗的效果。

3. 案例实现过程

(1) 新建一个大小为 400×400 像素,帧频为 12fps 的文档。

(2) 将素材“风光 1.jpg”、“风光 2.jpg”导入到“库”面板当中。

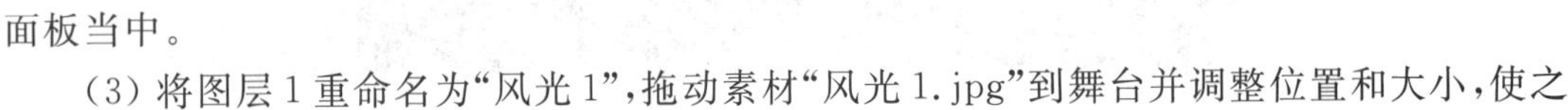

(3) 将图层 1 重命名为“风光 1”,拖动素材“风光 1.jpg”到舞台并调整位置和大小,使之

与舞台重合，新建一个名为“风光 2”的图层，拖动素材“风光 2.jpg”到舞台并调整位置和大小，使之与舞台重合，如图 6-51 所示。

（4）新建一个名为“叶片”的影片剪辑元件，利用矩形工具在舞台中绘制一个 20×400 像素的没有边框的矩形条。

（5）在“图层 1”的第 15 帧插入关键帧，在第 1 帧将矩形宽度修改到最小值，在第 1 帧到第 15 帧中间任何一帧右击，在弹出的快捷菜单中选择“创建补间形状”，在第 30 帧插入帧，如图 6-52 所示。

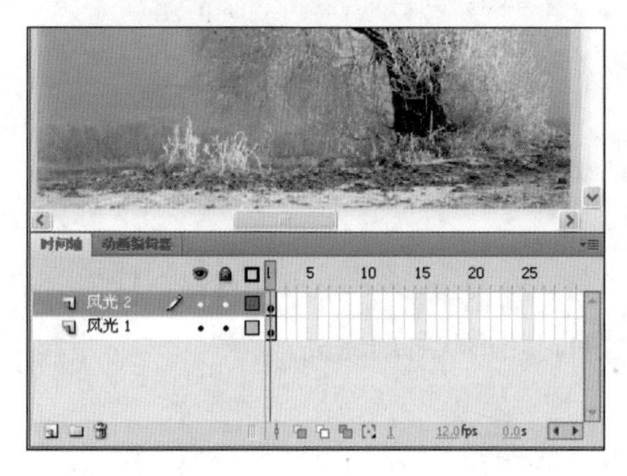

图 6-51　导入图片

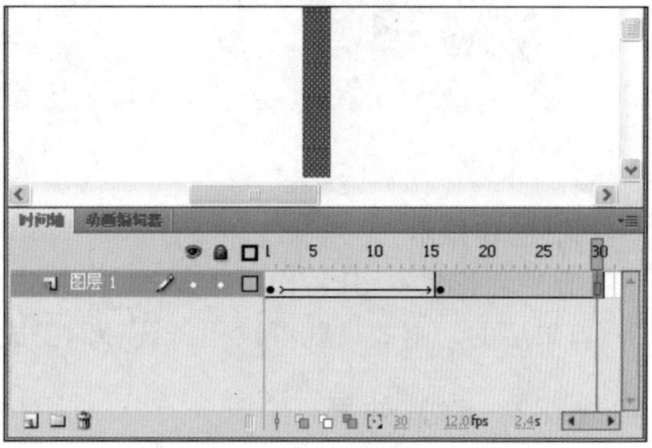

图 6-52　制作叶片动画

（6）新建一个名为“百叶窗”的影片剪辑元件，将叶片元件拖入到舞台当中，重复拖入 20 次，排列整齐，这样百叶窗的大小就和文档的大小对应起来了，如图 6-53 所示。

（7）单击“场景 1”返回场景，新建一个名为“百叶窗”的图层，将“百叶窗”影片剪辑拖入到舞台中并调整位置和舞台重合，在图层“百叶窗”上右击，在弹出的快捷菜单中选择“遮罩层”菜单，将其变为遮罩层，如图 6-54 所示。

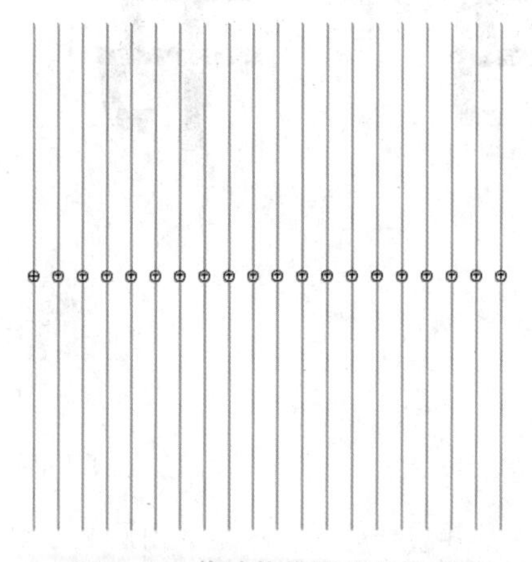

图 6-53　将叶片排列成白叶窗

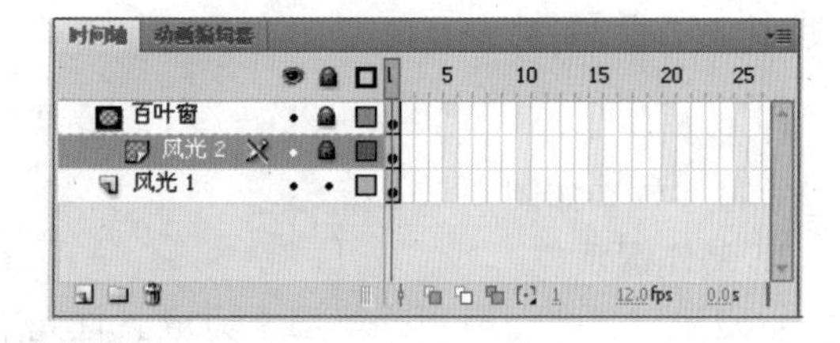

图 6-54　创建遮罩层

（8）选择“控制”|“测试影片”菜单就可以预览百叶窗的效果了。效果如图 6-50 所示。

（9）选择“文件”|“保存”菜单，输入文件名并保存当前文件。

6.2 实战演习

实战 6-1 打字效果

1. 效果

打字效果如图 6-55 所示。

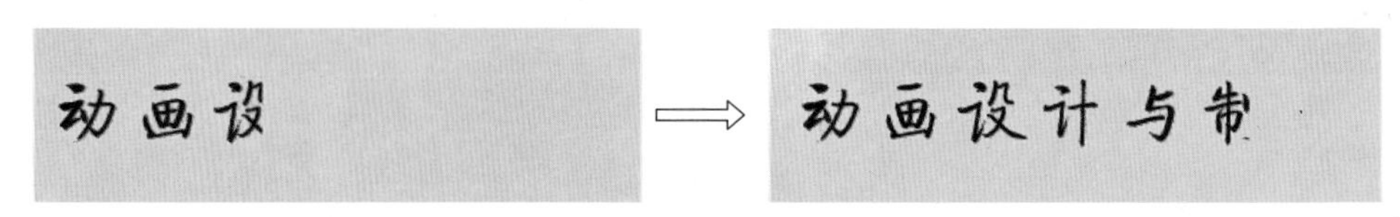

图 6-55 打字效果

2. 制作提示

首先创建文本图层，作为被遮罩层，为文本图层添加遮罩图层，并对遮罩图层做动画效果，遮罩层的动画效果既可以用传统补间完成，也可以用形状补间完成。

实战 6-2 射箭效果

1. 效果

射箭效果如图 6-56 所示。

2. 制作提示

首先绘制箭和箭靶，制作箭的补间动画，将箭作为被遮罩层，在遮罩层中使用矩形工具绘制矩形，覆盖箭所露出的部分，此时箭被箭靶所覆盖的部分将看不见。

图 6-56 射箭效果

图 6-57 手写字效果

实战 6-3 手写字

1. 效果

手写字效果如图 6-57 所示。

2. 制作提示

主要使用逐帧动画和遮罩层来完成。首先用文本工具写一个字，在文本图层之上新建一个图层作为遮罩层，在遮罩层中做逐帧动画，按照文字的笔画完成遮罩的形状。

实战 6-4 恭喜发财元宝

1. 效果

恭喜发财元宝效果如图 6-58 所示。

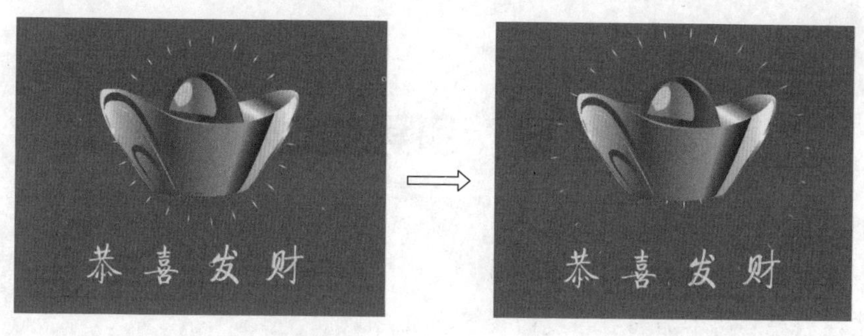

图 6-58　恭喜发财元宝

2. 制作提示

首先将元宝进行抠图，去除元宝的背景，可以使用魔术棒工具完成；接着制作元宝发光光线，可参照案例 6-6 发光光线的制作方法；最后创建文本图层。

第7章 引导线动画

【学习目标】

(1) 掌握引导线在动画制作中的作用。

(2) 掌握引导层的添加和引导线的设置和应用。

(3) 学会图层属性的设置，会制作典型案例，如蝶恋花、原子运动、地球公转、过山车和雪花飞舞等。

【本章综述】

在大多数的动画中，运动对象的运动是复杂的，往往需要运动路线能有一定的变化，引导层便能够很好地解决这个问题。通过使用引导层，可以创作出很多复杂的动画效果，比如蝶恋花、地球围绕太阳公转、鱼儿在水面跳跃、雪花飞舞和鱼儿在大海里遨游等。

7.1 案　　例

案例7-1 原子运动

1. 案例分析及效果

本案例制作氢原子中的电子围绕原子核旋转的切面运动效果，主要使用引导层和椭圆工具来完成。效果如图7-1所示。

2. 制作思路

(1) 创建背景图层。

(2) 新建两个图形元件“电子”和“原子核”。

(3) 创建“原子核”图层和“电子”图层，将对应的元件拖入对应的图层。

(4) 为“电子”图层添加传统运动引导层，并创建引导动画。

图7-1 原子运动

3. 案例实现过程

(1) 新建一个大小为400×350像素，帧频为24fps的文档。

(2) 将默认的“图层1”修改为“背景”。选择矩形工具，在矩形工具的“属性”面板设置填充色为黄绿色到黑色的“放射状”填充，如图7-2所示。

(3) 使用矩形工具画一个和舞台一样大小的矩形，并使用渐变变形工具对矩形的填充色进行旋转和编辑，如图7-3所示。

(4) 新建名为“原子核”和“电子”的图形元件，利用椭圆工具和线条工具绘制原子核和电子，效果分别如图7-4和图7-5所示。

(5) 在“背景”图层上方新建图层，命名为“原子核”，从库中将“原子核”元件拖入“原子核”图层第1帧的舞台上，在该图层的第24帧处，按F5键插入帧。锁定该图层。

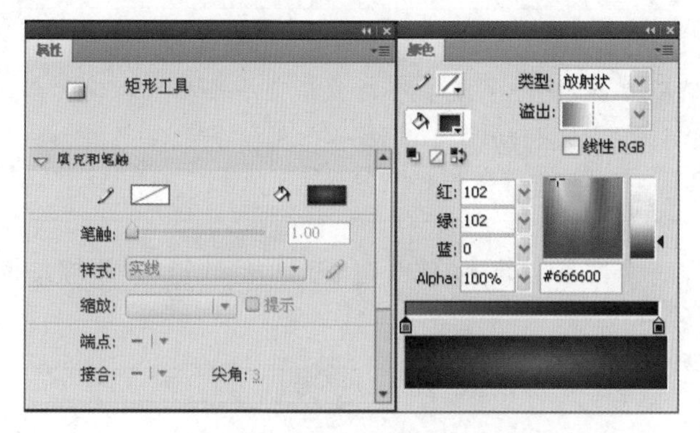

图 7-2　矩形工具“属性”面板和“颜色”面板

图 7-3　绘制背景

图 7-4　“原子核”元件

图 7-5　“电子”元件

(6) 在“原子核”图层上面新建图层,命名为“电子”,从库中将“电子”元件拖入该图层第1帧的舞台上,在该图层的第24帧处,按F6键插入关键帧,右击第1～24帧中的任何一帧,在弹出的快捷菜单中选择“创建传统补间”菜单,创建第1～24帧之间的运动动画。锁定“电子”图层。

(7) 右击“电子”图层,在弹出的快捷菜单中选择“添加传统运动引导层”菜单,如图7-6所示,则为“电子”图层自动添加了一个引导层,Flash会自动将该层命名为“引导层:电子”。

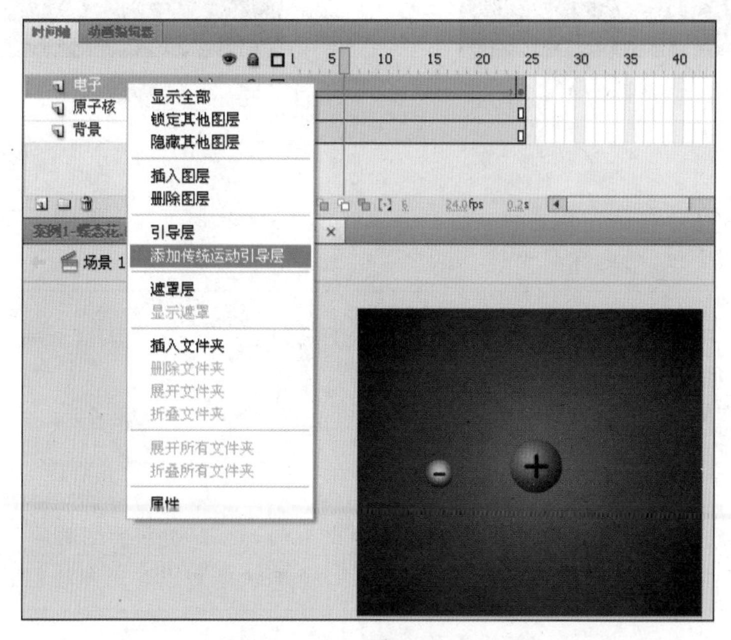

图 7-6　添加传统运动引导层

知识链接：

将一个或多个层链接到一个运动引导层，使一个或多个对象沿同一条路径运动的动画形式被称为“引导线动画”或“路径动画”。这种动画可以使一个或多个元件完成曲线或不规则运动。

(8) 在引导层上利用椭圆工具绘制一个圆形的轨迹，作为电子运动的轨道，并用橡皮擦工具将轨道擦除一个小缺口，如图 7-7 所示。

知识链接：

在引导线动画中，如果引导线(也即路径)是封闭的，被引导层中的对象无法判断运动的方向，动画无法实现，因此封闭的引导线需要做出缺口以确定运动的起始、结束位置，进而确定运动方向。

(9) 锁定引导层，回到“电子”图层，并解除锁定，选择该图层的第 1 帧，拖动舞台上的“电子”元件至缺口上端，使其中心点压在引导线上，如图 7-8 所示。

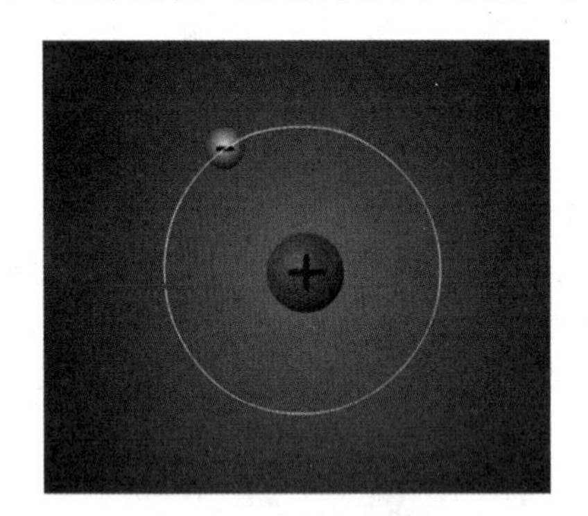

图 7-7　绘制引导线

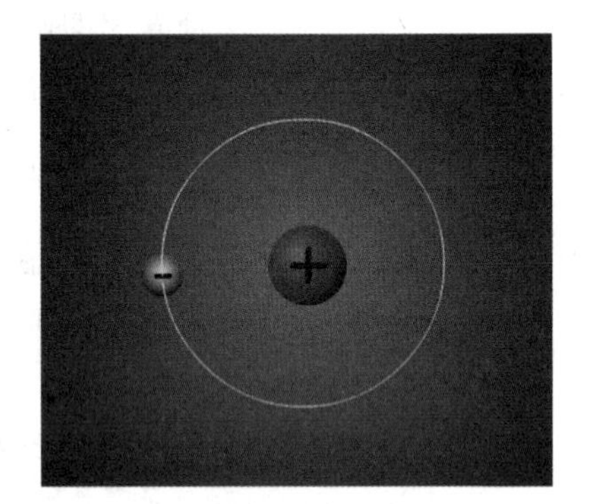

图 7-8　“电子”元件在缺口上端

知识链接：

移动对象时会发现对象自动吸附在引导线上面，如果按下“工具”面板“选项”区域的“贴紧至对象”按钮，则更有利于移动。

(10) 选择“电子”图层的第 24 帧，拖动舞台上的“电子”元件至缺口下端，使其中心点压在引导线上，如图 7-9 所示。

(11) 选择“控制”|“测试影片”菜单就可以预览原子运动的效果了，如图 7-1 所示。

知识链接：

在测试动画时，引导层的对象是不会显示出来的，这里即原子运动的引导线不予以显示。如果希望引导层上的东西能够显示，则必须单独建立图层进行绘制。

(12) 选择“文件”|“保存”菜单，输入文件名并保存当前文件。此时的“时间轴”面板如图 7-10 所示。

图 7-9 “电子”元件在缺口下端

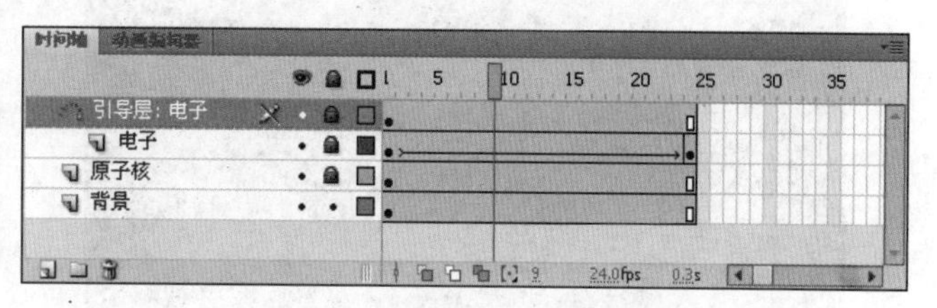

图 7-10 最终“时间轴”面板效果

案例 7-2 地球公转

1. 案例分析及效果

本案例制作地球在自转的过程中围绕太阳公转的效果，效果如图 7-11 所示。

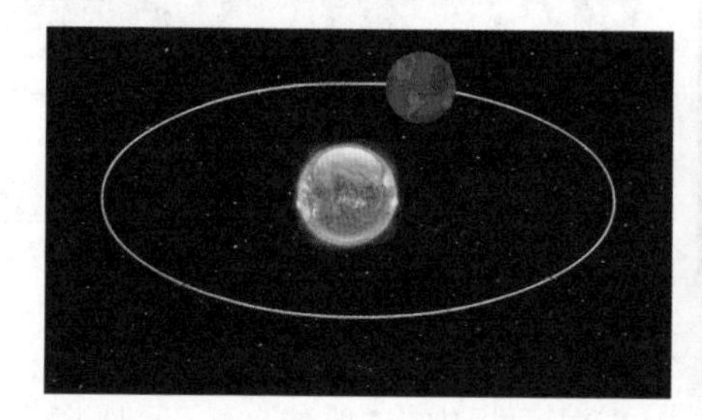

图 7-11 地球公转

2. 制作思路

(1) 制作背景图层。

(2) 制作地球自转影片剪辑元件和太阳图形元件。

(3) 创建地球图层和太阳图层，并将相应元件拖入对应图层的舞台中。

(4) 为地球图层添加运动引导层，用椭圆工具绘制引导线。

(5) 利用传统补间动画为地球制作引导线动画。

3. 案例实现过程

(1) 新建一个大小为 700×400 像素，帧频为 12fps 的文档，将背景颜色设置为黑色。

(2) 将“图层 1”改名为“背景”，选中第 1 帧，使用刷子工具(刷子大小为最小，形状为圆形，颜色为白色)在舞台上画上不规则的小白点，构成星空的效果，如图 7-12 所示。在“背景”图层的第 100 帧处按 F5 键插入帧，锁定该图层。

(3) 参考“遮罩动画篇”中的“旋转的地球”的动画效果制作方法，制作“地球自转”影片剪辑元件。效果如图 7-13 所示。

(4) 在“背景”图层上方，新建“太阳”图层。选择“文件”|“导入”|“导入到舞台”菜单，选择名为“太阳. png”的文件，导入到舞台后调整图片的大小和位置，如图 7-14 所示。

(5) 右击太阳，在弹出的快捷菜单中选择“转换为元件”菜单，打开“转换为元件”对话框，在“名称”栏输入“太阳”，元件类型选择“图形”，单击“确定”按钮，如图 7-15 所示。此时库中出现“太阳”元件。

图 7-12　背景效果

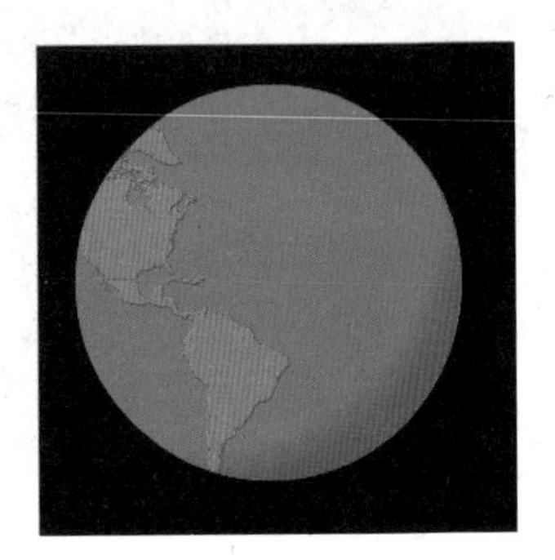

图 7-13　“地球自转”元件

图 7-14　“太阳”在背景中的位置

图 7-15　将太阳转换为元件

(6) 在“太阳”图层上面，新建“地球”图层，从“库”面板中将“地球自转”元件拖入到该图层第 1 帧的舞台中，利用任意变形工具对“地球自转”元件实例进行大小、方向的调整，效果如图 7-16 所示。

图 7-16　地球元件放置效果图

(7) 在“地球”图层第 100 帧处按 F6 键插入关键帧。选中第 1～100 帧中的任意一帧，创建传统补间动画。锁定“地球”图层。

(8) 右击“地球”图层，在弹出的快捷菜单中选择“添加传统运动引导层”菜单，则为“地球”图层自动添加了一个名为“引导层：地球”的引导层。

(9) 在引导层上利用椭圆工具绘制一个椭圆形的轨迹，作为地球公转的轨道，如图 7-17 所示。

图 7-17　绘制引导线

（10）在“背景”图层上方、“太阳”图层下方，新建一个图层“轨迹”，复制引导层中椭圆形的轨迹，选中“轨迹”图层的第一帧，在舞台中右击，选择“粘贴到当前位置”菜单，则动画演示时，可以看到地球公转的轨迹。隐藏“轨迹”图层。

（11）选择引导层，用橡皮擦工具将轨道擦除一个小缺口。效果如图 7-18 所示。

图 7-18　引导线

（12）锁定引导层，回到“地球”图层，并解除锁定，选择该图层的第 1 帧，拖动舞台上的“地球自转”实例至缺口左端，使其中心点压在引导线上，如图 7-19 所示。

图 7-19　地球在引导线左缺口

(13) 选择“地球”图层的第100帧，拖动舞台上的“地球自转”实例至缺口右端，使其中心点压在引导线上，如图7-20所示。

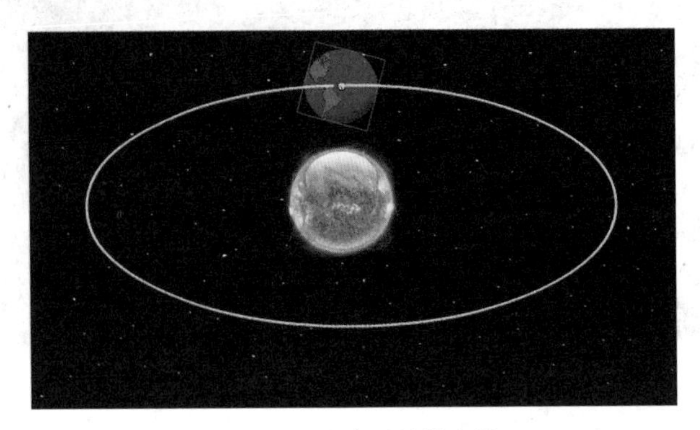

图7-20 地球在引导线右缺口

知识链接：

引导线动画是由引导层和被引导层组成的。引导层是用来指示元件运行路径的，所以“引导层”中的内容可以是用钢笔、铅笔、线条、椭圆工具、矩形工具或画笔工具等绘制出的线段。而“被引导层”中的对象是跟着引导线走的，可以使用影片剪辑、图形元件、按钮、文字等，但不能应用形状。

由于引导线是一种运动轨迹，不难想象，“被引导”层中最常用的动画形式是传统补间动画，当播放动画时，一个或数个元件将沿着运动路径移动。

(14) 选择“控制”|“测试影片”菜单，就可以预览地球在自转的同时绕太阳公转的效果了，如图7-11所示。

(15) 选择“文件”|“保存”菜单，输入文件名并保存当前文件。此时的“时间轴”面板如图7-21所示。

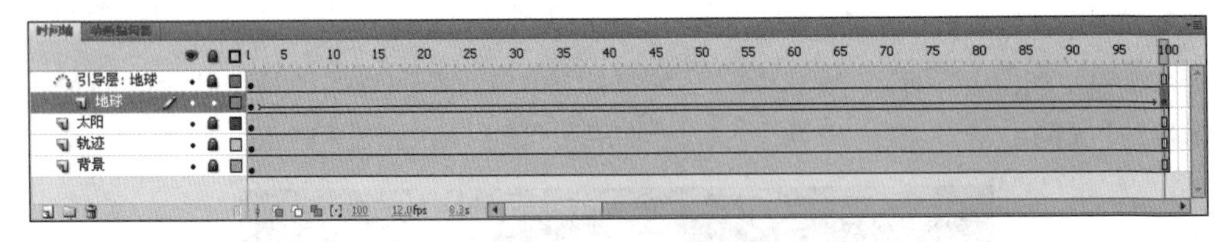

图7-21 最终“时间轴”面板

案例7-3 蝶恋花

1. 案例分析及效果

本案例制作蝴蝶在花丛中飞舞的效果。主要使用传统补间动画和引导层来完成，效果如下图所示，蝴蝶从舞台左侧的花丛中慢慢飞到中间的花丛中，在花丛中停留一段时间后，在空中飞舞，然后又回到了左侧的花丛中。效果如图7-22所示。

2. 制作思路

(1) 创建一个背景花丛图层，导入图片，调整图片的大小和位置。

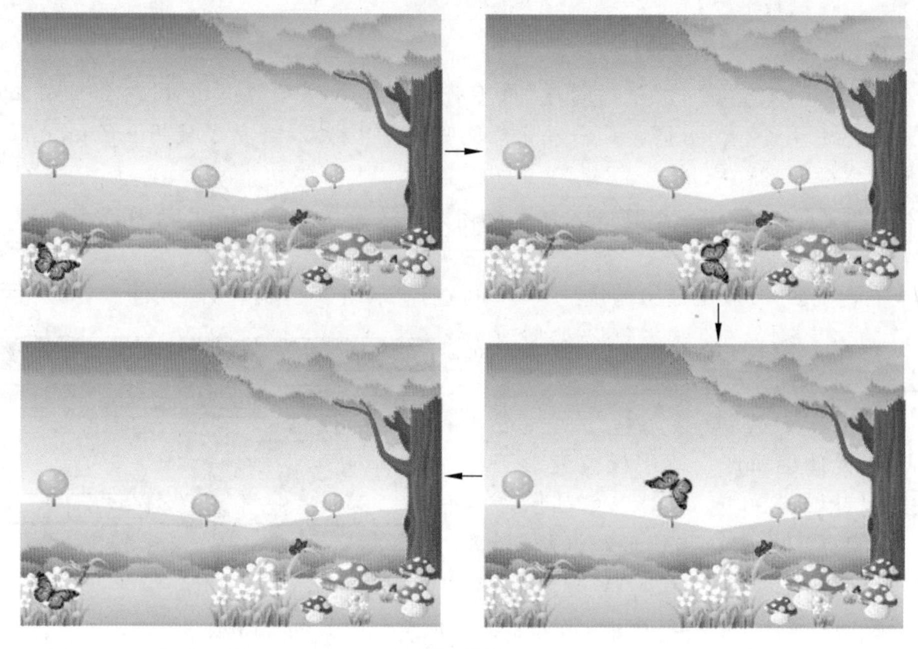

图 7-22

(2) 导入蝴蝶图片,创建蝴蝶飞舞影片剪辑,制作蝴蝶挥动翅膀的效果。

(3) 创建蝴蝶图层,将蝴蝶飞舞影片剪辑拖入该图层。

(4) 为蝴蝶图层添加传统运动引导层,并在该层绘制蝴蝶飞舞的路径。

(5) 在蝴蝶图层利用传统补间创建引导线动画。

3. 案例实现过程

(1) 新建一个大小为 550×400 像素,帧频为 12fps 的文档。

(2) 将默认的"图层 1"修改为"花丛",选择"文件"|"导入"|"导入到舞台"菜单,将素材"花丛.jpg"导入到舞台中,修改图片的大小为 550×400 像素,并使图片居中放置,如图 7-23 所示。在"花丛"图层的第 100 帧按 F5 键插入帧,使静态图形始终不变。锁定该图层。

(3) 选择"文件"|"导入"|"导入到库"菜单,将素材"蝴蝶.png"导入到库中,库中自动生成了一个名为"元件 1"的图形元件,如图 7-24 所示。

图 7-23　花丛背景设置

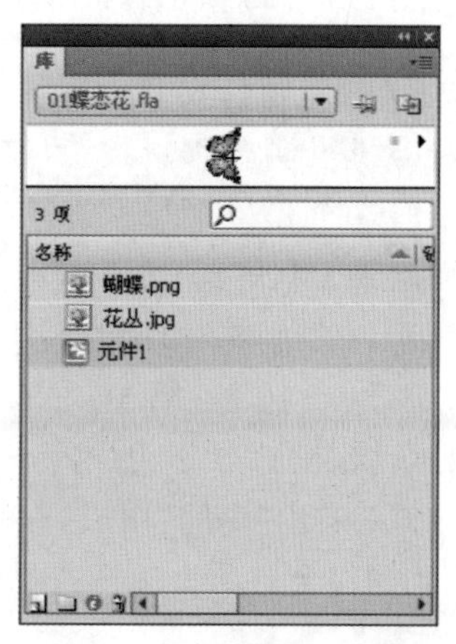

图 7-24　导入素材后库中内容

知识链接：

在 Flash CS4 中，使用“导入到库”菜单将图片导入到库时，png 图片会自动生成一个相应的图形元件。png 格式是一种背景透明的图片格式，避免了使用 jpg、bmp 等格式的图片时需要抠图的麻烦。

使用“导入到舞台”命令将 png 格式的图片导入时不会产生相应的图形文件。

(4) 右击“元件 1”，在弹出的快捷菜单中，选择“属性”菜单，打开“元件属性”对话框，将“元件 1”的名字改为“蝴蝶飞舞”，类型改为“影片剪辑”，如图 7-25 所示。

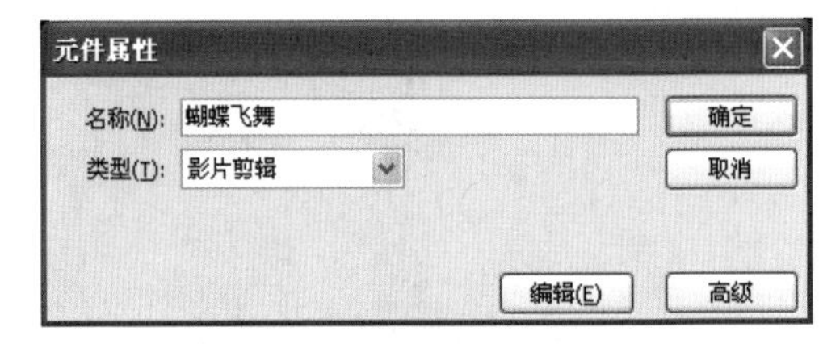

图 7-25 “元件属性”对话框

(5) 双击库中的“蝴蝶飞舞”元件，进入“蝴蝶飞舞”元件编辑区。使用任意变形工具将蝴蝶顺时针旋转 90 度，如图 7-26 所示。

(6) 右击“时间轴”面板上的第 3 帧，插入关键帧。选择任意变形工具，按住 Alt 键的同时，对蝴蝶在竖直方向上进行压缩，把蝴蝶翅膀压扁，如图 7-27 所示。

图 7-26 “蝴蝶飞舞”元件第 1 帧效果

图 7-27 蝴蝶翅膀收缩

(7) 蝴蝶翅膀收缩后效果如图 7-28 所示。

(8) 退出元件编辑状态，返回“场景 1”中。

(9) 在“花丛”图层上方新建一个名为“蝴蝶”的图层，从库中拖曳“蝴蝶飞舞”元件至“蝴蝶”图层第 1 帧的舞台上，如图 7-29 所示。

(10) 在“蝴蝶”图层的第 40、60、150 帧按 F6 键插入关键帧，在第 180 帧处插入帧；并分别右击第 1～40 帧、第 46～60 帧、第 60～150 帧内的任意一帧，在弹出的快捷菜单中选择“创建传统补间”命令，创建传统补间动画。锁定“蝴蝶”图层。

(11) 右击“蝴蝶”图层，在弹出的快捷菜单中选择“添加传统运动引导层”，如图 7-30 所示。此操作会自动为“蝴蝶”图层的动画添加一个引导层，Flash 会自动将该层命名为“引导层：蝴蝶”。

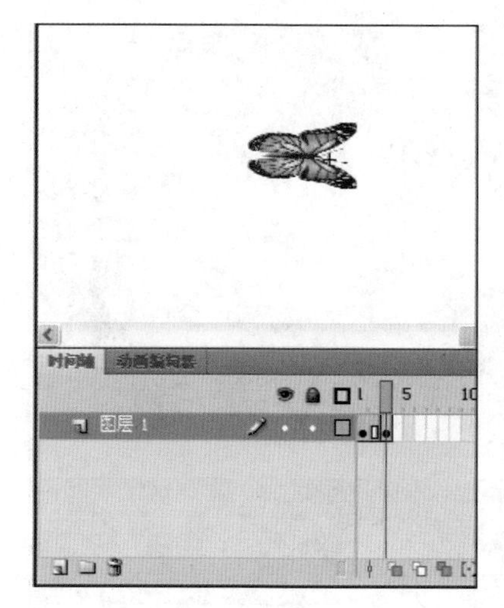

图 7-28 “蝴蝶飞舞”元件第 3 帧效果

图 7-29 蝴蝶在舞台中

图 7-30 添加传统运动引导层

(12) 在引导层的第 1 帧,选择铅笔工具,选项平滑,画出蝴蝶飞行的轨迹(也即引导线),用橡皮擦工具在引导线上,在想要蝴蝶停留的位置上擦出一个小缺口,如图 7-31 所示。锁定引导层。

(13) 解锁“蝴蝶”图层,在“蝴蝶”图层的第 1 帧,用箭头工具将“蝴蝶飞舞”元件拖到第一个缺口的右端,元件的中心点一定要压在引导线上。并利用任意变形工具对蝴蝶进行一定角度的旋转,如图 7-32 所示。

(14) 在“蝴蝶”图层的第 40 帧,用箭头工具将“蝴蝶飞舞”元件拖到第二个缺口的左端,元件的中心点一定要压在引导线上,如图 7-33 所示。

图 7-31　绘制引导线

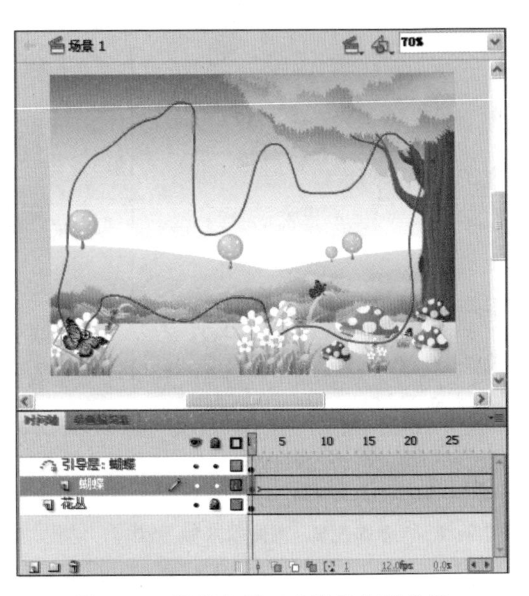

图 7-32　蝴蝶在第一条路径起始位置

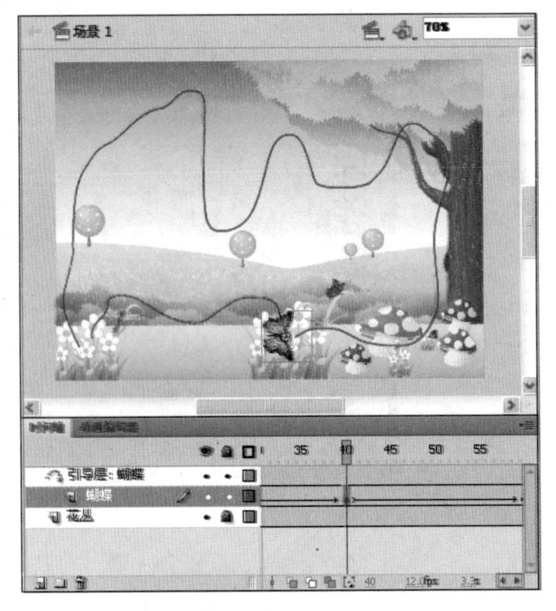

图 7-33　蝴蝶在第一条路径结束位置

(15) 在“蝴蝶”图层的第 60 帧，用箭头工具将“蝴蝶飞舞”元件拖到第二个缺口的右端，元件的中心点一定要压在引导线上，如图 7-34 所示。

(16) 在“蝴蝶”图层的第 150 帧，用箭头工具将“蝴蝶飞舞”元件拖到第一个缺口的左端，元件的中心点一定要压在引导线上。并利用任意变形工具对蝴蝶进行一定角度的旋转，如图 7-35 所示。

(17) 选择“蝴蝶”图层第 1～40 帧、第 60～150 帧内的任意一帧，打开“属性”面板，选择“调整到路径”复选框，如图 7-36 所示。

图 7-34　蝴蝶在第二条路径的起始位置

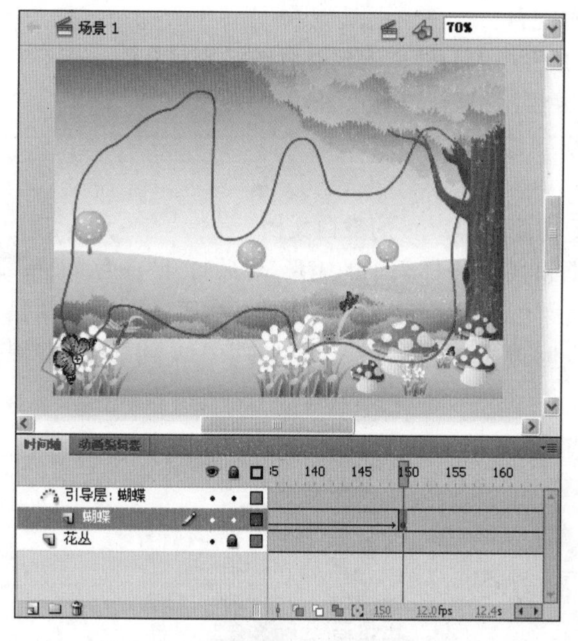

图 7-35　蝴蝶在第二条路径结束位置

图 7-36　选择“调整到路径”复选框

知识链接：

在“属性”面板中选择“调整到路径”复选框，元件实例就会沿着引导层的行进路线方向进行旋转移动；若选中“对齐”复选框，元件实例上的中心点将会自动对齐到运动路线上。

（18）选择“控制”|“测试影片”菜单，就可以预览蝴蝶在花丛中飞舞的效果了，如图 7-22 所示。

（19）选择“文件”|“保存”菜单，输入文件名并保存当前文件。

案例 7-4　过山车

1. 案例分析及效果

本案例制作过山车在弯弯曲曲的轨道上跑动的效果。效果如图 7-37 所示。

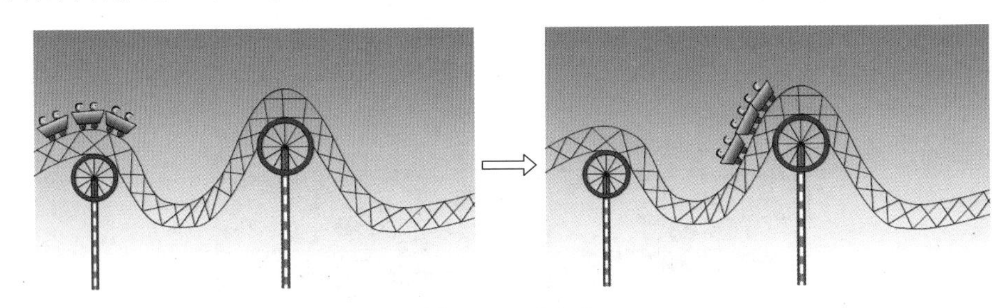

图 7-37　过山车

2. 制作思路

（1）创建影片文档，制作背景图层。

（2）制作“车道”图形元件和“车”图形元件。

（3）创建“车道”图层和“车 1”图层，并将相应元件拖入到对应图层的舞台中。

（4）为“车 1”图层添加运动引导层，并绘制引导路径。

（5）利用传统补间动画为小车制作引导线动画。

3. 案例实现过程

（1）新建一个大小为 700×400 像素，帧频为 12fps 的空白文档。

（2）使用矩形工具绘制一个没有边框和舞台一样大小的矩形，然后打开“颜色”面板，设置渐变色类型为“线性”，设置第一个色标颜色为(R:51,G:153,B:255)，第二个色标颜色为(R:255,G:255,B:204)，填充效果如图 7-38 所示。在“背景”图层的第 100 帧处按 F5 键插入帧，锁定“背景”图层。

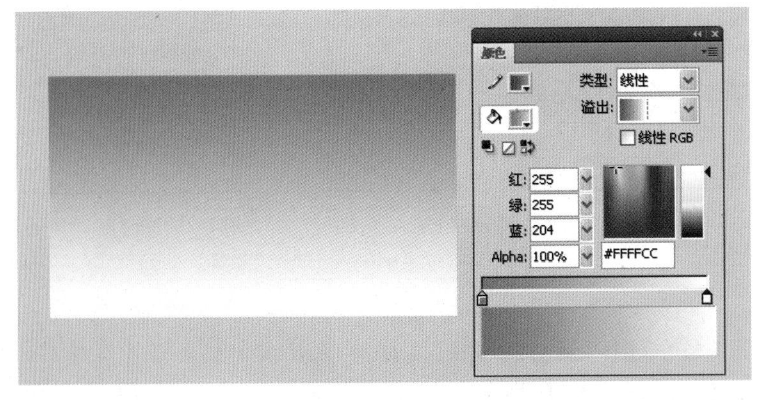

图 7-38　背景设置

(3) 新建一个名为“车身”的图形元件，进入该元件编辑场景。利用线条工具，绘制一个梯形，作为小车的车身的轮廓，然后利用“颜色”面板设置线性渐变色，并利用颜料桶工具为车身填充该渐变色，效果如图 7-39 所示。

(4) 新建一个名为“车轮”的图形元件，进入该元件编辑场景。利用椭圆工具绘制两个无填充的同心圆作为车轮的轮廓，然后利用“颜料桶”工具为车轮填充颜色。效果如图 7-40 所示。

(5) 新建一个名为“乘客 1”的图形元件，进入该元件编辑场景。利用铅笔工具和线条工具绘制出乘客的轮廓，然后利用“颜料桶”工具填充颜色，效果如图 7-41 所示。

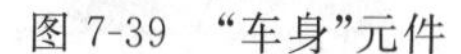

图 7-39 “车身”元件

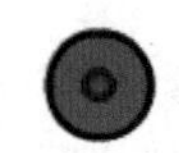

图 7-40 “车轮”元件

图 7-41 “乘客 1”元件

(6) 新建一个名为“乘客 2”的图形元件，进入元件编辑场景。复制“乘客 1”元件的图形内容，在“乘客 2”元件中粘贴，利用“颜料桶”工具修改填充颜色，效果如图 7-42 所示。

(7) 新建一个名为“车 1”的图形元件，进入该元件编辑场景，从库中将“车身”、“车轮”、“乘客 1”和“乘客 2”元件拖入“车”元件场景中，改变元件的位置和大小，组合为“车”元件，最终效果如图 7-43 所示。

(8) 新建一个名为“柱子”的图形元件，进入该元件编辑场景，绘制出支撑轨道的柱子，效果如图 7-44 所示。

图 7-42 “乘客 2”元件

图 7-43 “车”元件

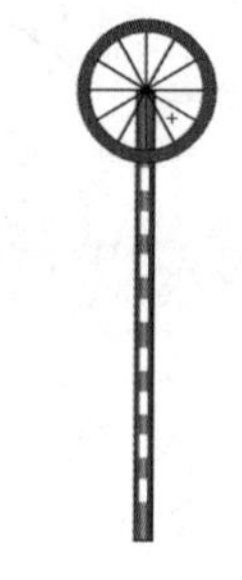

图 7-44 “柱子”元件

(9) 新建一个名为“车道”的图形元件，进入该元件编辑场景，利用铅笔工具和线条工具绘制出小车跑动时的轨道。效果如图 7-45 所示。

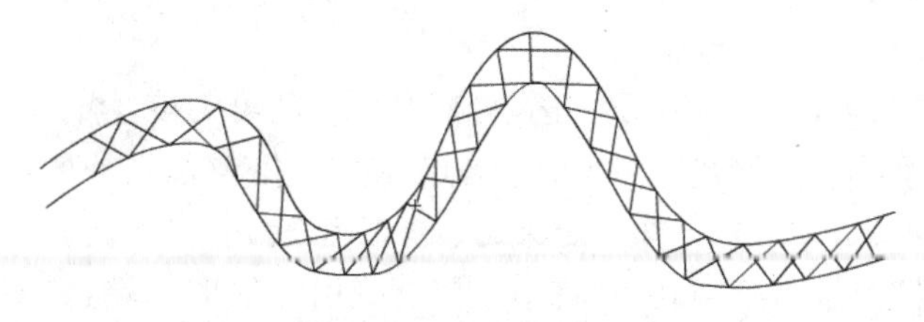

图 7-45 车行走的轨道

(10) 在“车道”元件编辑场景中，从库中将“柱子”元件拖入，并调整期位置和大小，效果如图 7-46 所示。

图 7-46 “车道”元件

(11) 在“背景”图层上方新建图层“车道”,将“车道”元件拖入到“车道”图层第 1 帧的舞台中,利用任意变形工具调整车道的大小,使之适合舞台。

(12) 在“车道”图层上方新建图层“车 1”,将“车”元件拖入到“车 1”图层第 1 帧的舞台中,利用任意变形工具调整车的大小方向和位置,使之适合轨道。在“车 1”图层的第 100 帧按 F6 键插入关键帧,右击第 1~100 帧内的任意一帧,在弹出的快捷菜单中选择“创建传统补间”菜单,创建传统补间动画。锁住“车道”图层。效果如图 7-47 所示。

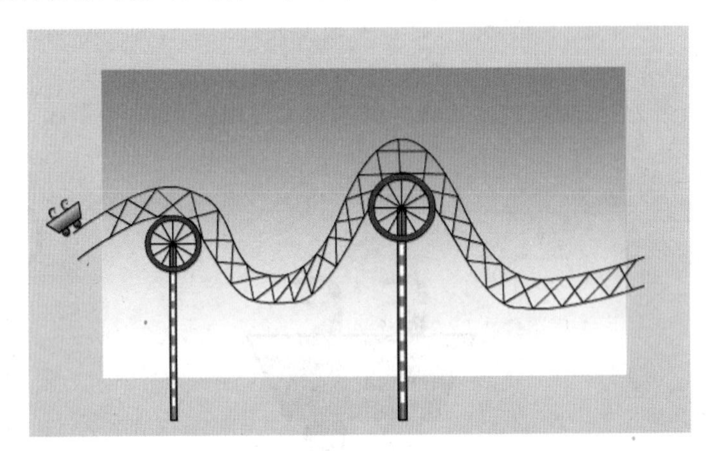

图 7-47 轨道和小车在舞台中的位置

(13) 右击“车 1”图层,在弹出的快捷菜单中选择“添加传统运动引导层”菜单。此操作会自动为“车 1”图层的动画添加一个名为“引导层: 车 1”的引导层。

(14) 复制“车道”元件中的上轨道,粘贴到“引导层: 车 1”中的第 1 帧,调整大小和位置,使之和舞台中的上轨道重合,如图 7-48 所示。

(15) 锁定引导层,解锁“车 1”图层。选中“车 1”图层的第 1 帧,将小车拖曳到引导线的起始处,然后使用任意变形工具调整好小车的中心点,使其中心点位于小车底部;调整小车角度,使小车与引导线的切线成 90 度,这样才能保证小车正确地沿着引导线运动,如图 7-49 所示。

(16) 选中“车 1”图层的第 100 帧,将小车拖曳到引导线的末端,调整好小车的角度,如图 7-50 所示。

(17) 这时对动画进行测试,发现小车运动时的角度并没有按照引导线的角度进行运动,如图 7-51 所示。

图 7-48　引导线

图 7-49　第 1 帧中车的位置、中心点和角度

图 7-50　第 100 帧中车的位置、中心点和角度

图 7-51　错误角度

(18) 打开“属性”面板，勾选“调整到路径”选项，这样小车就会沿着引导线自动调整角度，如图 7-52 所示。

(19) 在“车 1”图层上方新建两个图层，分别命名为“车 2”和“车 3”，再将“车 1”图层中的帧复制到新建的 2 个图层中，如图 7-53 所示(在“车 2”和“车 3”图层中，没有从第 1 帧开

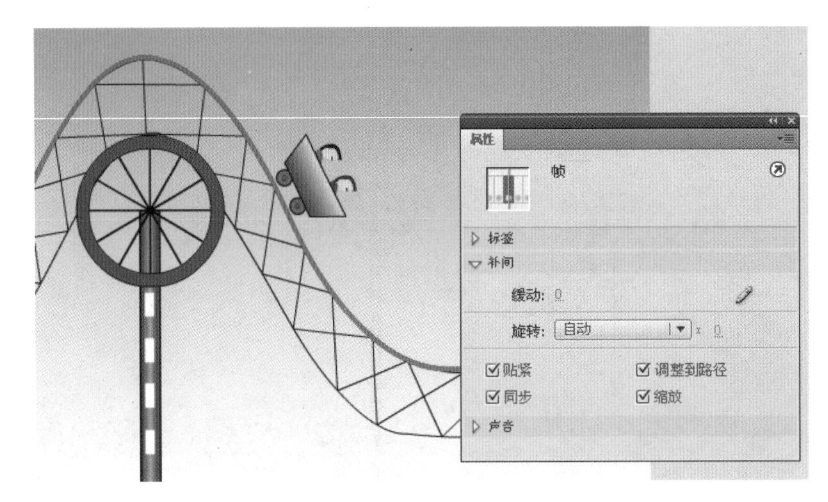

图 7-52　正确角度

始粘贴是为了使 3 个小车不同时出现，有 5 个帧的时间间隔）。

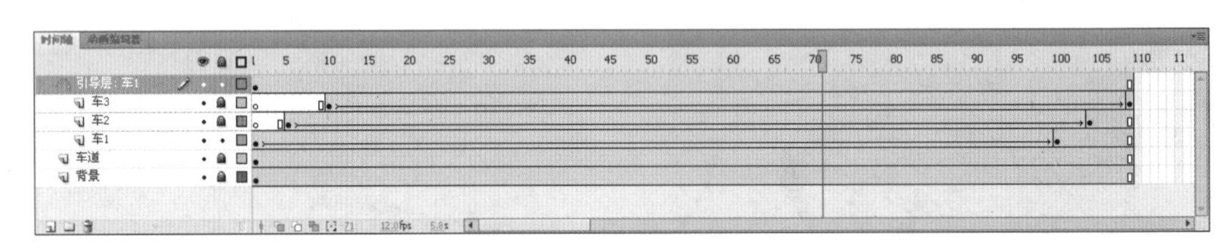
图 7-53　复制粘贴帧后的“时间轴”面板效果

（20）选择“控制”|“测试影片”菜单就可以预览过山车沿着轨道行走的效果了，如图 7-37 所示。

（21）选择“文件”|“保存”菜单，输入文件名并保存当前文件。

案例 7-5　雪花飞舞

1. 案例分析及效果

本案例制作天空中雪花飞舞的效果。效果如图 7-54 所示。

图 7-54　雪花飞舞

2. 制作思路

(1) 通过制作“一片雪花飞舞”的影片剪辑元件,实现单个雪花飘动飞舞的效果。

(2) 新建多个图层,在每个图层中,都拖入一个“一片雪花飞舞”元件。

(3) 通过改变不同图层空白关键帧的数量,形成每个雪花的时间差。

3. 案例实现过程

(1) 新建一个大小为550×400像素,帧频为12fps的文档,背景色为黑色。

(2) 新建一个名为“雪花”的图形元件,进入到元件的编辑模式,绘制一个六棱柱形的雪花,效果如图7-55所示。

图7-55 “雪花”元件

(3) 新建一个名为“一片雪花飞舞”的影片剪辑元件,进入元件编辑模式。以下(4)至(8)步的操作都在“一片雪花飞舞”的元件编辑模式中完成。

(4) 在“一片雪花飞舞”元件中,将“图层1”改名为“雪花”,从“库”面板中将“雪花”元件拖入到“雪花”图层第1帧的舞台中,在该图层的第30帧处按F6键插入关键帧。选择第1~30帧中的任何一帧,右击,从弹出的快捷菜单中选择“创建传统补间动画”菜单,创建第1~30帧之间的动画。锁定该图层。

(5) 右击“雪花”图层,在弹出的快捷菜单中选择“添加传统运动引导层”菜单,则为“雪花”图层自动添加了一个名为“引导层:雪花”的引导层。

(6) 在引导层的第1帧,选用铅笔工具,选项平滑,画出雪花飞舞的轨迹(也即引导线),如图7-56所示。

(7) 锁定引导层,将“雪花”图层解锁。用选择工具分别移动第1帧和第30帧的雪花,让其分别位于引导线的首尾。

(8) “一片雪花飞舞”影片剪辑元件的效果如图7-57所示,“时间轴”面板如图7-58所示。

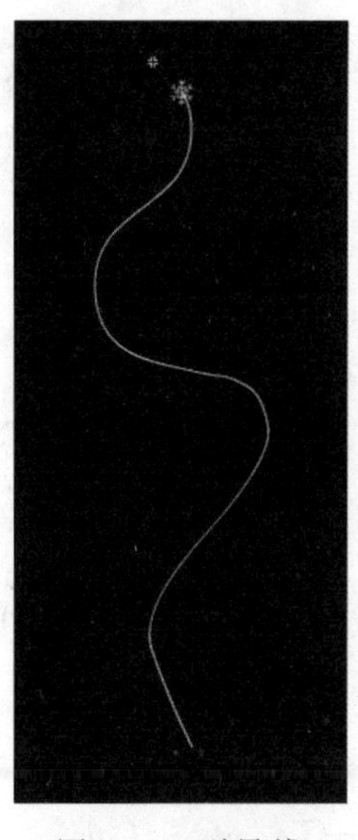

图7-56 引导线

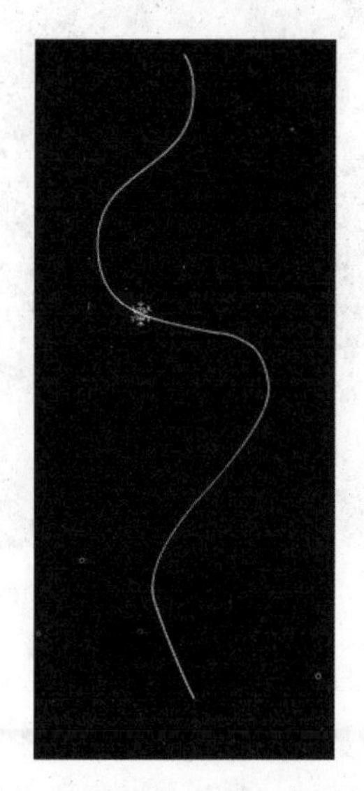

图7-57 “一片雪花飞舞”元件

(9) 退出元件编辑状态,回到“场景1”中,将“图层1”改名为“雪花1”,从“库”面板中把“一片雪花飞舞”元件拖入到该图层第1帧的舞台上,按F5键在第95帧处插入帧。

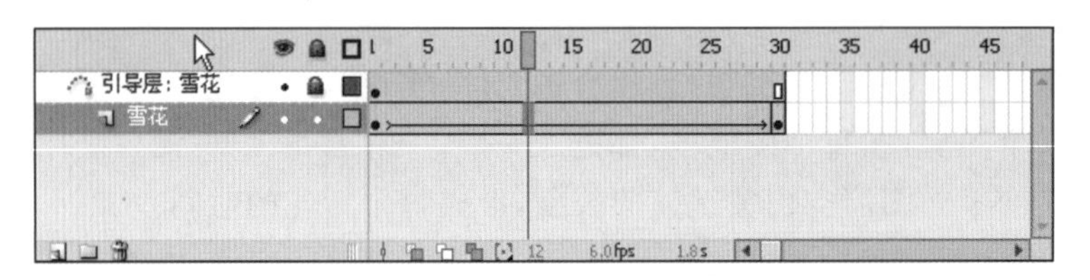

图 7-58 “一片雪花飞舞”元件对应的“时间轴”面板

(10) 新建“雪花 2”图层，在第 17 帧处插入空白关键帧，从库中把“一片雪花飞舞”元件拖入到该图层第 17 帧的舞台上，雪花位置和“雪花 1”图层中雪花的位置不同。

(11) 新建“雪花 3”图层，在第 14 帧处插入空白关键帧，从库中把“一片雪花飞舞”元件拖入到该图层第 14 帧的舞台上，雪花位置和“雪花 1”、“雪花 2”图层中雪花的位置均不相同。

(12) 重复第(10)步的操作，直至新建完成“雪花 35”图层。需要注意的是每一图层中，插入空白关键帧的位置尽量不要重复；每一图层中，雪花在舞台中的位置均不相同，并且尽量使雪花布满整个舞台。效果如图 7-59 所示。

知识链接：

如果在所有图层中“一片雪花飞舞”元件都放在第 1 帧的舞台中，所有的雪花就会整体沿着一个轨迹运动，没有真正的飞舞效果，改变不同图层空白关键帧的数量，就造成了每个雪花的时间差，从而出现雪花飞舞的效果。

(13) 选择“窗口”|“变形”菜单，打开“变形”面板，如图 7-60 所示。

图 7-59 雪花元件布满舞台

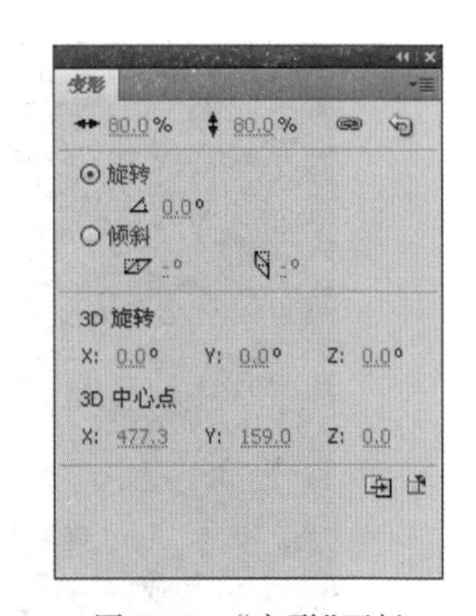

图 7-60 “变形”面板

(14) 利用“变形”面板中的百分比控制命令，调整舞台中雪花的大小，10%～100%不等。调整后舞台中雪花效果如图 7-61 所示。

(15) 选择“控制”|“测试影片”菜单就可以预览雪花飞舞的效果了，如图 7-54 所示。

(16) 选择“文件”|“保存”菜单，输入文件名并保存当前文件。此时的部分图层“时间轴”面板，如图 7-62 所示。

图 7-61　变形后的雪花

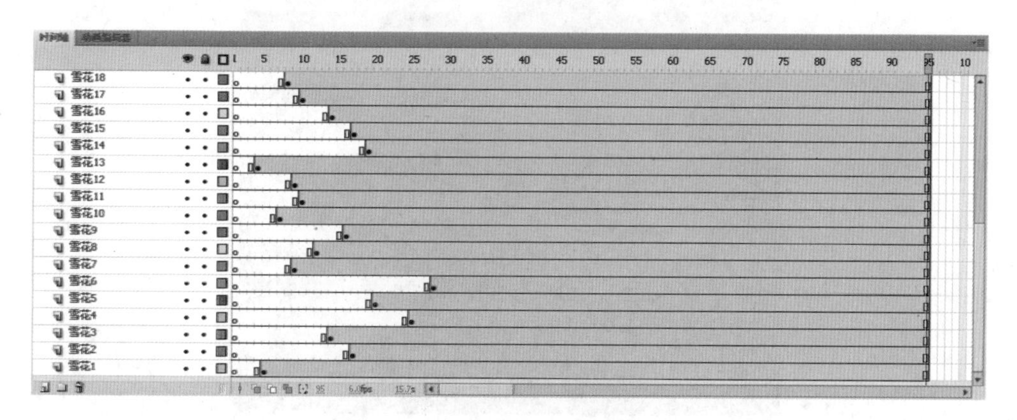

图 7-62　部分图层“时间轴”面板

案例 7-6　小鱼入水

1. 案例分析及效果

本案例设计的是一条条小鱼在河水中跳跃的动画效果，一条条小鱼钻出水面，又快速地跳入水中，激起一圈圈的波纹。效果如图 7-63 所示。

图 7-63　小鱼入水

2. 制作思路

(1) 导入背景图片。

(2) 制作"小鱼"和"水晕"图形元件。

(3) 制作"小鱼跳跃"影片剪辑元件。

(4) 新建多个图层,在每个图层中,都拖入一个"小鱼跳跃"元件。

(5) 通过改变不同图层小鱼起跳的开始帧来形成水面上多条小鱼在不同时间跳跃的情景。

3. 案例实现过程

(1) 新建一个大小为550×400像素,帧频为12fps的文档,背景色为绿色。

(2) 将默认的"图层1"修改为"背景",选择"文件"|"导入"|"导入到库"菜单,将素材"水面背景.jpg"导入到舞台中,调整图片位置,使图片居中放置,如图7-64所示。

图7-64 背景

(3) 新建一个名为"小鱼"的图形元件,进入到元件的编辑模式,绘制一条红色的小鱼,效果如图7-65所示。

(4) 新建一个名为"水晕"的图形元件,进入到元件的编辑模式,绘制水晕,效果如图7-66所示。

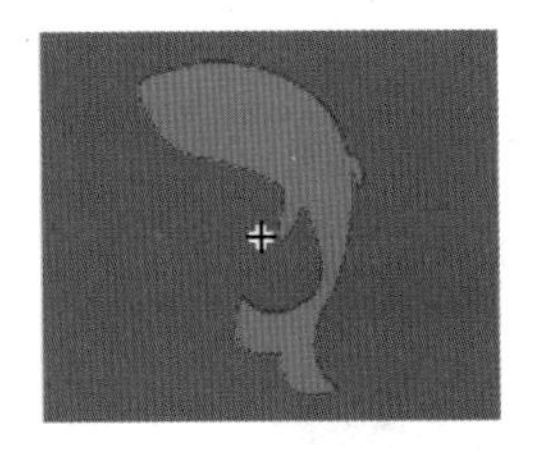

图7-65 "小鱼"元件

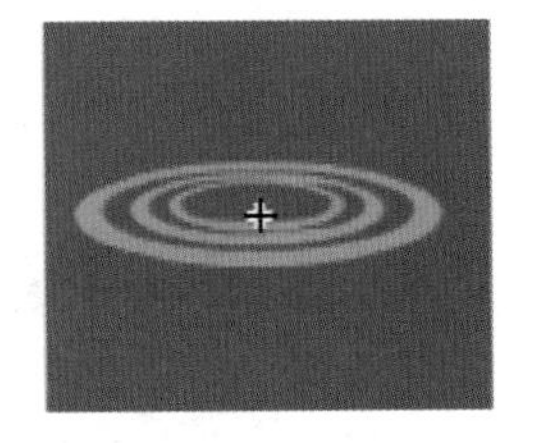

图7-66 "水晕"元件

(5) 新建一个名为"小鱼跳跃"的影片剪辑元件,进入到元件的编辑模式,以下(6)~(17)步为该元件的制作过程。

(6) 在"小鱼跳跃"元件中,将"图层1"改名为"小鱼跳跃",将"小鱼"元件拖入该图层第1帧的舞台中,在该图层的第20帧处插入关键帧,选择第1~20帧中的任何一帧,右击选择"创建传统补间菜单",创建第1~20帧之间的运动动画。锁定该图层。

(7) 右击“小鱼跳跃”图层，在弹出的快捷菜单中选择“添加传统运动引导层”菜单，则为“小鱼跳跃”图层自动添加了一个名为“引导层：小鱼跳跃”的引导层。

(8) 在引导层的第1帧，运用钢笔工具绘制出一条曲线，作为小鱼跳跃的轨迹(也即引导线)，如图7-67所示。在该图层的第40帧处插入帧。

图7-67　引导线

(9) 锁定引导层，将“小鱼跳跃”图层解锁。用选择工具分别移动第1帧和第20帧的小鱼，让其分别位于引导线的首尾。

(10) 选中“小鱼跳跃”图层第20帧处的小鱼，利用任意变形工具旋转小鱼，使其头部向下，效果如图7-68所示。

图7-68　第20帧处小鱼的位置

(11) 在“小鱼跳跃”图层上面新建图层“鱼入水”图层，选中并复制“小鱼跳跃”图层第20帧，粘贴到“鱼入水”图层的第21帧和第25帧处，将第25帧处的小鱼往下移动，并在第21～25帧之间创建传统补间动画。

(12) 在“鱼入水”图层上面新建图层“遮罩”图层，在该图层的第21帧处插入关键帧，并绘制一个椭圆，作为遮罩使用，如图7-69所示。

(13) 右击“遮罩”图层，从弹出的快捷菜单中选择“遮罩层”菜单，将该图层转化为遮罩层，则“鱼入水”图层和“遮罩”图层被锁定，实现了鱼逐渐进入水面，并消失在水面下的效果，效果如图7-70所示。

(14) 在“小鱼跳跃”图层下面新建“水晕”图层，将“水晕”元件拖入该图层的第1帧的舞台中，在该图层的第20、21、40帧处插入关键帧，选择第1～20帧中的任何一帧，右击，从弹

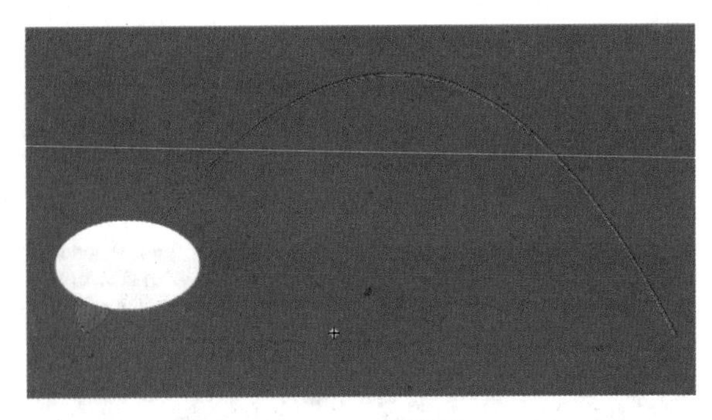

图 7-69　遮罩图

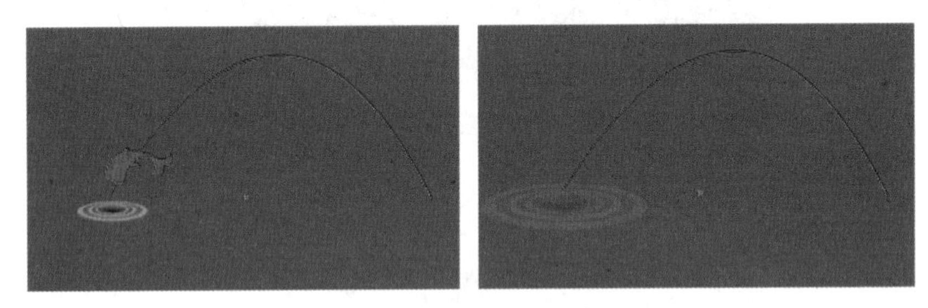

图 7-70　鱼进入水中效果

出的快捷菜单中选择“创建传统补间动画”命令，创建第 1～20 帧之间的动画。

(15) 选中“水晕”图层第 20 帧处的水晕元件实例，利用任意变形工具放大水晕，并修改其 Alpha 值为 0。从而实现小鱼离开水面时水晕逐渐扩散并消失的效果，如图 7-71 所示。

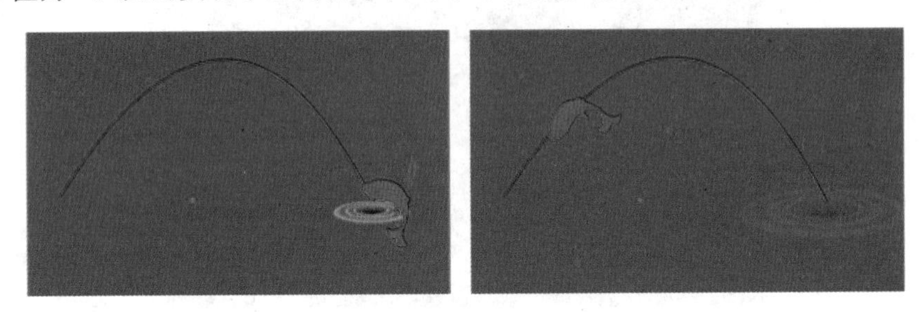

图 7-71　小鱼出水水晕效果

(16) 用与上面相同的方法，制作小鱼入水的水晕效果，效果如图 7-72 所示。

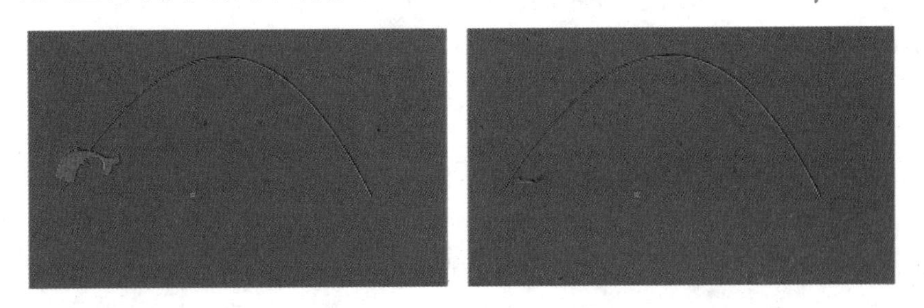

图 7-72　小鱼入水水晕效果

(17) “小鱼跳跃”影片剪辑元件制作完成，该元件的“时间轴”面板效果如图 7-73 所示。

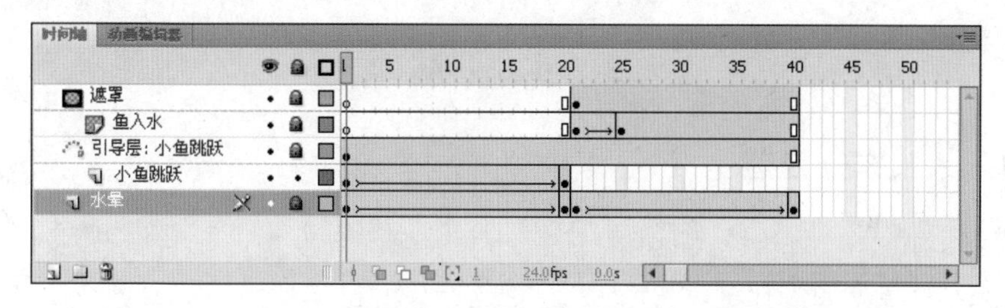

图 7-73 “时间轴”面板

(18) 退出元件编辑状态，回到场景 1 中，在“背景”图层上方新建“鱼跳跃 1”图层，将“小鱼跳跃”元件拖入该图层第 1 帧的舞台中，调整元件的位置和大小，效果如图 7-74 所示。在该图层的第 40 帧处插入帧。

(19) 在“鱼跳跃 1”图层上方，依次新建“鱼跳跃 2”、“鱼跳跃 3”、“鱼跳跃 4”、“鱼跳跃 5”，复制“鱼跳跃 1”图层的第 1～40 帧，分别粘贴到“鱼跳跃 2”、“鱼跳跃 3”、“鱼跳跃 4”、“鱼跳跃 5”的第 5、10、15、20 帧处。

(20) 调整“鱼跳跃 2”、“鱼跳跃 3”、“鱼跳跃 4”、“鱼跳跃 5”图层中鱼的位置，效果如图 7-75 所示。在所有图层的第 60 帧处插入帧。

图 7-74 “鱼跳跃 1”图层中小鱼的位置

图 7-75 所有图层中小鱼的位置

(21) 选择菜单“控制”|“测试影片”菜单，就可以预览鱼儿在水面上跳跃的效果了，如图 7-63 所示。

(22) 选择“文件”|“保存”菜单，输入文件名并保存当前文件。此时的“时间轴”面板如图 7-76 所示。

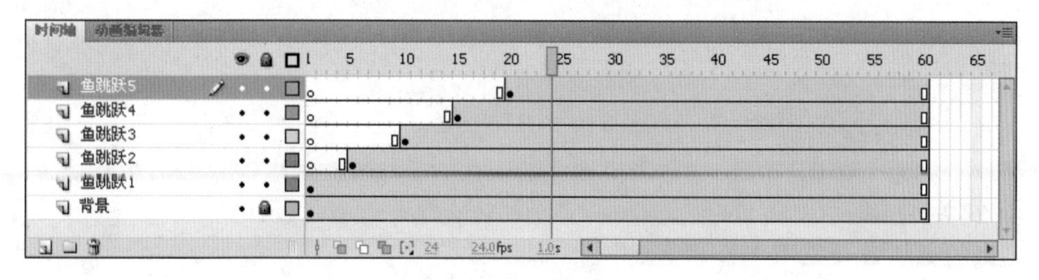

图 7-76 “时间轴”面板

7.2 实战演习

实战 7-1 太阳东升西落

1. 效果

太阳东升西落如图 7-77 所示。

2. 制作提示

(1) 创建背景图层,绘制蓝天白云。

(2) 新建"太阳"图形元件,创建太阳图层,作为被引导层。

(3) 为太阳图层添加引导图层,做出引导线。

(4) 对太阳图层做动画效果,太阳图层的动画效果用传统补间完成;调整起始和结束关键帧中太阳的位置。

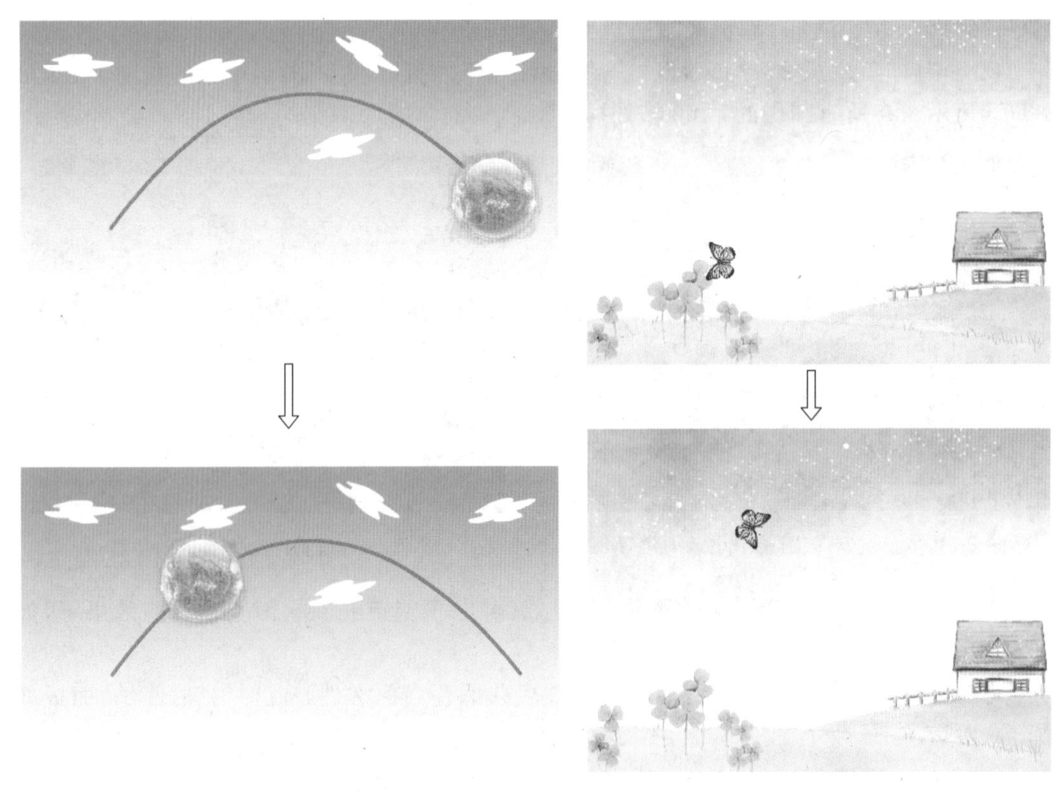

图 7-77 太阳东升西落　　图 7-78 飞舞的蝴蝶

实战 7-2 飞舞的蝴蝶

1. 效果

飞舞的蝴蝶效果如图 7-78 所示。

2. 制作提示

(1) 从外部导入背景图片和蝴蝶图片。

（2）制作“蝴蝶飞舞”影片剪辑元件，实现蝴蝶翅膀挥动效果。

（3）创建引导路径，实现蝴蝶飞舞的动画效果。

实战 7-3　月亮绕地球运动

1. 效果

月亮绕地球运动效果如图 7-79 所示。

2. 制作提示

（1）制作背景。

（2）新建“地球”影片剪辑元件和“月亮”影片剪辑元件。

（3）新建地球和月亮图层，分别将地球元件和月亮元件拖入对应的图层。

（4）将月亮图层作为被引导层，为月亮图层制作传统补间动画；调整起始和结束关键帧中月亮的位置。

图 7-79　月亮绕地球运动

图 7-80　海底游鱼

实战 7-4　海底游鱼

1. 效果

海底游鱼效果如图 7-80 所示。

2. 制作提示

（1）创建“单个水泡”图形元件；利用引导线动画，创建“一个水泡和引导线”影片剪辑元件;再创建“多个水泡”影片剪辑元件。

(2) 利用引导线动画,创建“鱼的游动”影片剪辑元件。

(3) 通过提供的海底图片创建“海底”图形元件。

(4) 创建“背景”图层,将“海底”元件放入“背景”图层。

(5) 创建“水泡”图层,将“多个水泡”元件拖入该图层舞台中,数目、大小、位置任意。

(6) 创建“游鱼”图层,将“鱼的游动”元件拖入舞台中合适位置。

第8章　声音视频

【学习目标】

（1）学会添加声音、编辑声音效果。

（2）通过自己动手给动画添加声音、编辑声音效果等。

（3）学会为关键帧、为按钮添加声音。

（4）学会添加视频。

（5）学会为按钮添加视频控制脚本。

【本章综述】

声音和视频是影片的重要组成部分，在影片中加入声音和视频会使动画更加生动自然，并且使动画世界显得得愈发精彩。

8.1　案　　例

案例 8-1　口型动画

1. 案例分析及效果

本案例制作在说话的过程中，口型随着发声变化的效果。利用各种绘图工具来完成各个图形效果。效果如图 8-1 所示。

图 8-1　口型动画

2. 制作思路

（1）创建一个背景图层，导入图片，调整图片的大小和位置。

（2）新建"明明嘴巴"影片剪辑元件，演示明明说话时口型的变化。

（3）新建"明明"影片剪辑元件，利用各种绘图工具绘制明明的身体和头部，并将"明明嘴巴"元件放入进来。

（4）创建"明明"图层，将"明明"元件拖入到该层。

(5) 创建“sound”图层，将声音文件导入。

(6) 创建“文本”图层，在场景中合适位置写“GoodBye!”文字。

3. 案例实现过程

(1) 新建一个大小为 550×400 像素，帧频为 12fps 的文档。

(2) 将默认的“图层 1”修改为“背景”，选择“文件”|“导入”|“导入到库”菜单，将素材“背景.jpg”导入到舞台中，修改图片的大小为 550×400 像素，并使图片居中放置，如图 8-2 所示。在“背景”图层的第 8 帧按 F5 键插入帧，使静态图形始终不变。锁定该图层。

(3) 新建“明明嘴巴”影片剪辑元件，进入元件编辑状态。在“图层 1”中的第 5、10、15 帧处按 F6 键插入关键帧，在第 20 帧处插入帧。“明明嘴巴”在第 1、5、10、15 帧处的效果如图 8-3～图 8-5 所示。“明明嘴巴”元件的“时间轴”面板如图 8-6 所示。

图 8-2 背景设置

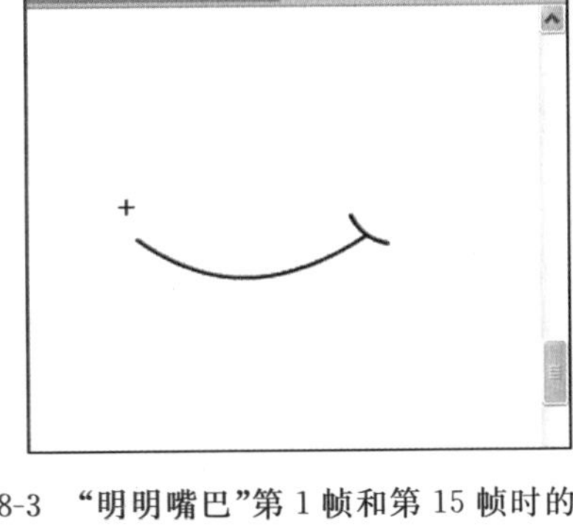

图 8-3 “明明嘴巴”第 1 帧和第 15 帧时的状态

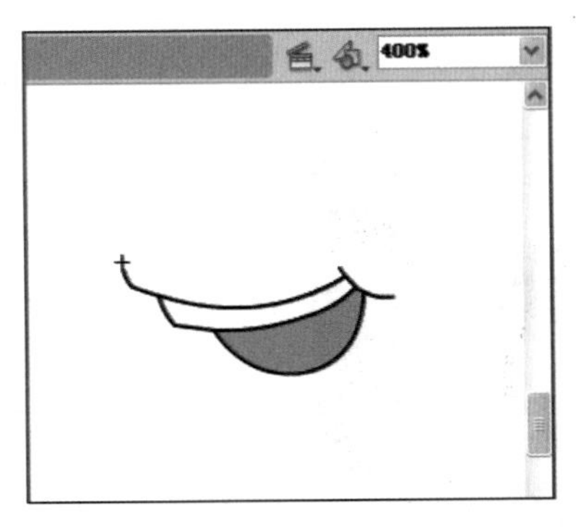

图 8-4 “明明嘴巴”第 5 帧时的状态

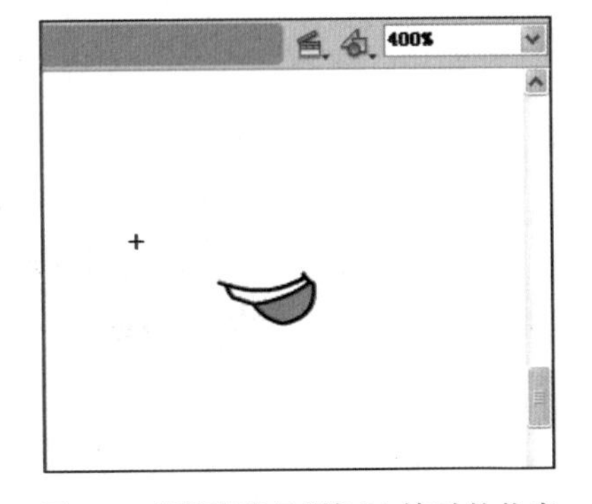

图 8-5 “明明嘴巴”第 10 帧时的状态

(4) 新建“明明”影片剪辑元件，进入到元件编辑状态。将“图层 1”改名为“明明身体”，用多种绘图工具绘制出明明的身体。在“明明身体”图层上方新建图层“明明嘴”图层，将“明明嘴巴”元件拖入该图层第 1 帧的舞台中，调整元件的大小和位置。“明明”元件的最终效果如图 8-7 所示。

(5) 在“背景”图层上方新建“明明”图层，将“明明”元件拖入该图层第 1 帧的舞台中。调整“明明”元件实例的大小、位置，效果如图 8-1。在该图层的第 8 帧按 F5 键插入帧，锁定该图层。

(6) 在“明明”图层上方新建名为“sound”的图层。选择“文件”|“导入”|“导入到库”菜单，将“goodbye.mp3”音乐文件导入库中，“库”面板如图 8-8 所示。

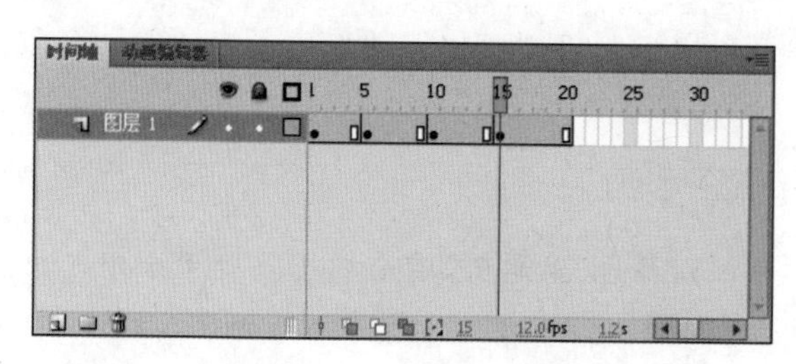

图 8-6 “明明嘴巴”元件中的“时间轴”面板效果

图 8-7 “明明”元件

知识链接：

声音的“同步”效果有“事件”、“开始”、“停止”和“数据流”4 种类型。

“事件”选项：会将声音和一个事件的发生过程同步起来。事件声音在它的起始关键帧开始显示时播放，并独立于时间轴播放完整个声音。一旦开始，就会播放完，即使动画已经停止播放，声音还是会继续播放，直至声音播放完毕。

“开始”选项：类似事件，但是它会在声音播放结束后，才重新开始播放声音，所以不会同时听到两个声音在播放，但前提是它们必须是同一个声音文件。如果不是同一个声音文件，则会出现和事件一样的效果。

“停止”选项：停止播放目前声音文件，因此在帧上不会出现声音波形。

“数据流”选项：Flash 强制动画和音频流同步。如果 Flash 不能足够快地绘制动画的帧，就跳过帧。与事件声音不同，音频流随着 SWF 文件的停止而停止。

一般制作 MV 用数据流声音，而事件声音一般用在按钮的音效里。

在此例子中声音同步效果设置为“事件”或“开始”区别不明显。

(7) 选中“sound”图层第 1～7 帧中间的任意一帧，打开“属性”面板，选择声音名称为“goodbye.mp3”，同步类型为“事件”。此时，声音的“属性”面板设置效果如图 8-9 所示。

图 8-8 “库”面板中的音频文件

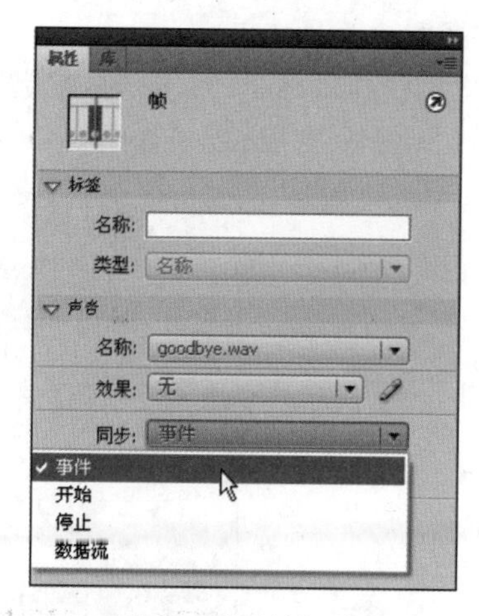

图 8-9 “属性”面板

(8) 在“sound”图层上方新建“文本”图层，在该图层第 1 帧的舞台中，用文本工具写文字“GoodBye!”，字体为“Monotype Corsiva”，大小为“35 点”，字母间距为 5.0；并用任意变形工具对文字进行旋转。

(9) 选择“控制”|“测试影片”菜单就可以预览口型变化伴随着声音出现的动画效果了，如图 8-1 所示。

知识链接：

这里如果选择“文件”|“导入”|“导入到舞台”菜单(只有当前图层处于未锁定状态才可选)，而且也选择音频文件导入，舞台上不会发生任何变化，同样也会导入到库中，这与导入其他格式的文件(如图像)不一样。

“库”面板中的音频文件显示为波形图，单击“播放”按钮，可以直接试听音乐文件。

在一般情况下，Windows 系统环境下，Flash CS4 支持的声音格式仅有 wav、mp3；如果系统中安装了 QuickTime 4 或更高版本时，Flash CS4 还支持 aif、au 格式的声音文件。除此之外，也可以利用 Flash 支持的影片格式，输入“有声没影”的影片文件，这些影片格式包括 avi、mov、asf、wmv、mpeg、dv、flv。

(10) 选择“文件”|“保存”菜单，输入文件名并保存当前文件。此时的“时间轴”面板如图 8-10 所示。

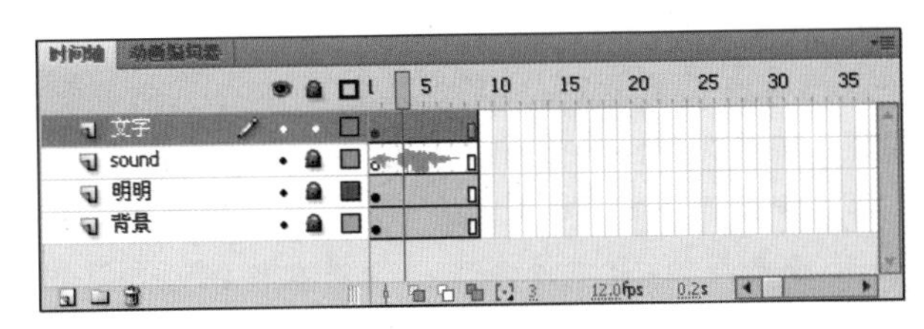

图 8-10 “时间轴”面板

案例 8-2 门铃声

1. 案例分析及效果

本案例制作鼠标单击门铃时，响起门铃声的效果，主要使用矩形工具、椭圆工具、线条工具、文本工具等来完成，效果如图 8-11 所示。

图 8-11 门铃声

2. 制作思路

(1) 新建图形元件“门主体”和“门把手和门锁”、影片剪辑元件“门牌”,从而建立“门”影片剪辑元件。

(2) 新建图形元件“走廊”。

(3) 创建“背景”图层,将“走廊”元件拖入该层舞台中。

(4) 创建“门”图层,将“门”元件拖入该层舞台中,调整其位置和大小。

(5) 创建“门铃”图层,从“公共库”中找出一个按钮作为门铃,调整其位置和大小。

(6) 为门铃添加音效。

3. 案例实现过程

(1) 新建一个大小为 550×400 像素,帧频为 12fps 的文档,将背景颜色设置为土色(“#FFCC99”),效果如图 8-12 所示。

(2) 新建名为“门主体”的图形元件,进入元件编辑状态,利用矩形工具绘制出门框和门的轮廓,用颜料桶工具进行颜色填充,效果如图 8-13 所示。

图 8-12 背景

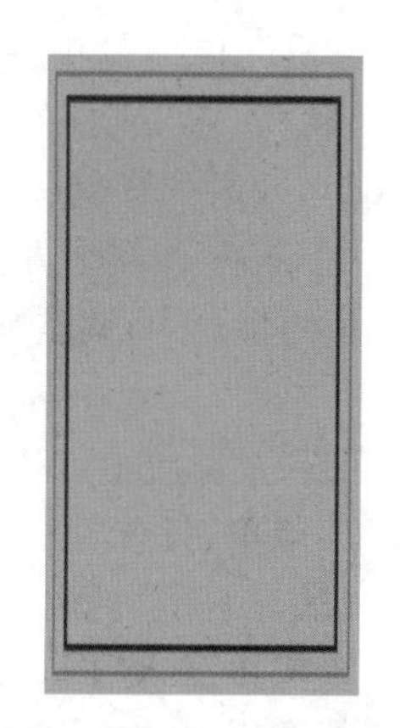

图 8-13 “门主体”元件

(3) 新建名为“门牌”的影片剪辑元件,进入元件编辑状态,利用矩形工具绘制出门牌的轮廓,用颜料桶工具进行线性渐变色填充;利用文本工具书写门牌号“130”,字体为“Arial Black”,大小为“35 点”,字母间距为“15”。效果如图 8-14 所示。

(4) 新建名为“门把手和门锁”的图形元件,进入元件编辑状态,利用线条工具、选择工具和椭圆工具绘制出门把手和门锁的轮廓,用颜料桶工具进行颜色填充,效果如图 8-15 所示。

图 8-14 “门牌”元件

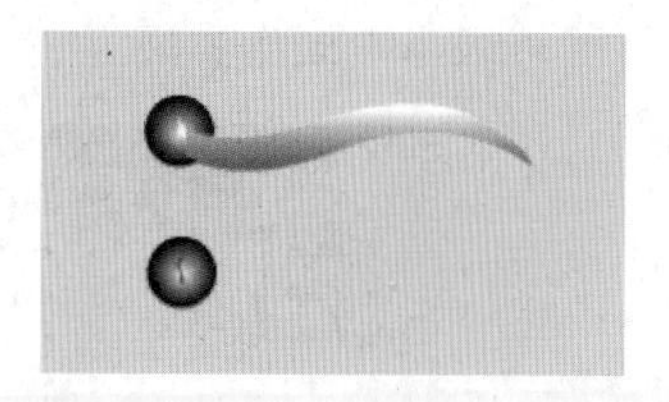

图 8-15 “门把手和门锁”元件

(5) 新建“门”元件,在“门”元件的编辑状态下,将“门主体”元件、“门牌”元件和“门把手和门锁”元件拖动到舞台中,并调整其大小和位置。为“门牌”影片剪辑元件添加“投影”滤镜效果。“门”元件最终效果如图 8-16 所示。

(6) 新建“走廊”元件，利用线条工具绘制走廊的轮廓，用颜料桶工具进行颜色填充，效果如图 8-17 所示。

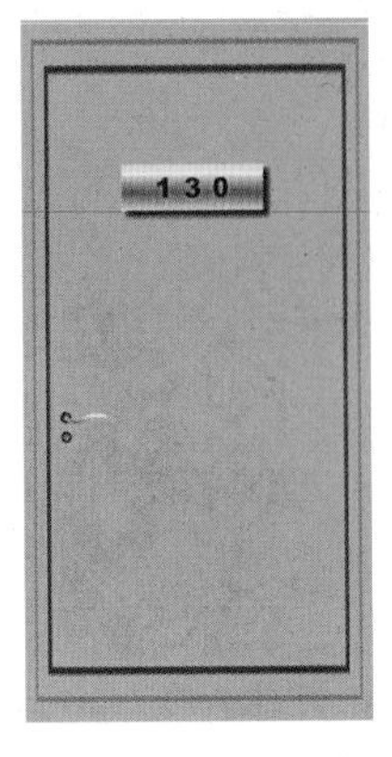

图 8-16 “门”元件

图 8-17 “走廊”元件

(7) 退出元件编辑状态，返回“场景 1”中。将“图层 1”改名为“背景”，将“走廊”元件拖入该图层第 1 帧的舞台中，调整期位置和大小，效果如案例分析中的效果图。

(8) 在“背景”图层上方新建“门”图层，将“门”元件拖入到该图层第 1 帧的舞台中，调整其位置和大小，效果如案例分析中的效果图。

(9) 在“门”图层上方新建“门铃”图层。选择“窗口”|“公用库”|“按钮”菜单，打开“库-BUTTONS. FLA”面板，选中 classic buttons 目录下名字为 arcade button-orange 的按钮，如图 8-18 所示。将该按钮拖入“门铃”图层第 1 帧的舞台中。调整门铃的大小和其在门上的位置，效果如案例分析中的效果图。

(10) 选择“文件”|“导入”|“导入到库”菜单，将“门铃声. wav”音乐文件导入库中。

(11) 双击 arcade button-orange 按钮元件，进入元件编辑状态，在最下方新建一个图层，命名为“music”，然后分别在其第 2 帧、第 3 帧和第 4 帧处按 F7 键插入空白关键帧。

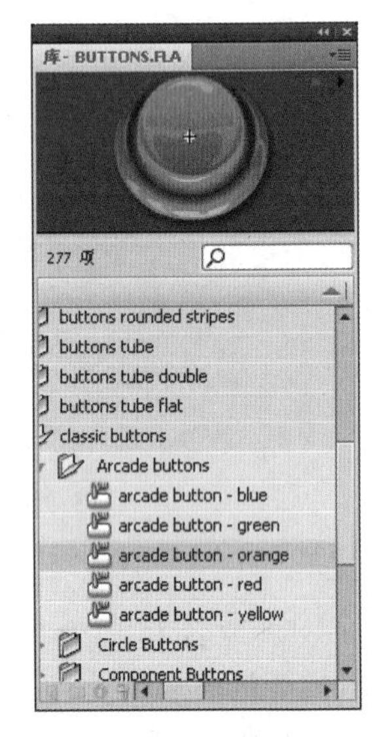

图 8-18 “公共按钮库”面板

(12) 选中“music”图层的第 3 帧(也即按钮处于按下状态时)，打开“属性”面板，选择声音名称为“门铃声. wav”，同步类型为“事件”。此时，按钮的“时间轴”面板效果如图 8-19 所示。

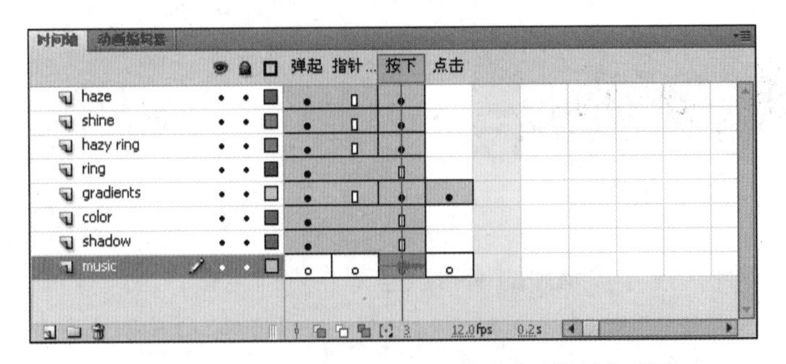

图 8-19 arcade button-orange 按钮“时间轴”面板

(13) 返回“场景 1”中，选择“控制”|“测试影片”菜单就可以预览门铃声的效果了，如图 8-11 所示。

(14) 选择“文件”|“保存”菜单，输入文件名并保存当前文件。此时的“时间轴”面板如图 8-20 所示。

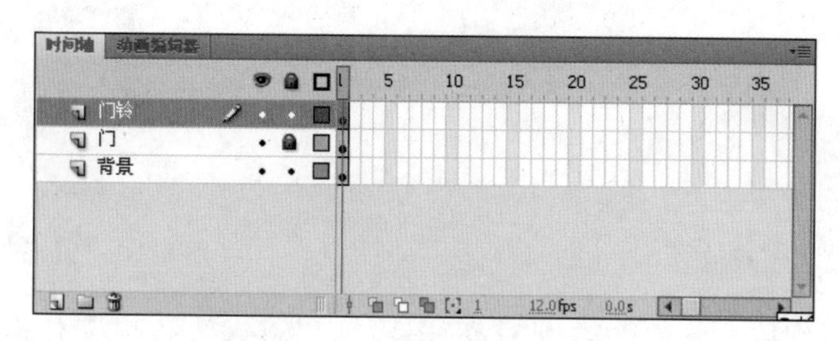

图 8-20 最终“时间轴”面板效果

案例 8-3 心跳声

1. 案例分析及效果

本案例制作心脏跳动时的效果，效果如图 8-21 所示。

2. 制作思路

(1) 创建“背景”图层。

(2) 绘制“星星”、“月亮”元件，拖入到“星星月亮”图层。

(3) 绘制“男孩”、“女孩”、“心”元件。

(4) 新建“人物”图层，将“男孩”、“女孩”元件拖入该图层。

(5) 新建“心 1”、“心 2”图层，并做传统补间动画，实现心跳的效果。

(6) 新建“心跳声”图层，为心的跳动配上相应的声音。

3. 案例实现过程

(1) 新建一个大小为 550×400 像素，帧频为 12fps 的文档，背景为白色。

(2) 将“图层 1”改名为“背景”，并在此图层中绘制背景，效果如图 8-22 所示。锁定“背景”图层。

图 8-21 心跳声

图 8-22 初步的背景

(3) 选择“插入”|“新建元件”菜单,新建“星星”影片剪辑元件,利用“多角星形工具”,绘制黄色的星星,效果如图 8-23 所示。

(4) 新建“月亮”影片剪辑元件,利用椭圆工具,绘制黄色的月亮,效果如图 8-24 所示。

图 8-23 “星星”元件

图 8-24 “月亮”元件

(5) 在“背景”图层上方新建“星星月亮”图层,从库中将“月亮”元件拖入到该图层的舞台中,调整月亮的大小和位置。

(6) 选择“星星月亮”图层,从库中将“星星”元件多次拖入的该图层的舞台中,并调整星星的大小。

(7) 添加月亮、星星后的背景如图 8-25 所示。

图 8-25 最终背景效果

(8) 新建“女孩”影片剪辑元件,利用铅笔工具绘制女孩的轮廓,利用颜料桶工具填充颜色,效果如图 8-26 所示。

(9) 新建“男孩”影片剪辑元件,利用铅笔工具绘制男孩的轮廓,利用颜料桶工具填充颜色,效果如图 8-27 所示。

图 8-26 “女孩”元件

图 8-27 “男孩”元件

(10) 在“星星”月亮图层上方新建“人物”图层，从库中将“男孩”、“女孩”元件拖入该图层的舞台中，并调整其大小和位置，效果如图 8-28 所示。

(11) 新建“心”影片剪辑元件，利用椭圆工具绘制一颗心，利用颜料桶工具为心填充渐变色，效果如图 8-29 所示。

图 8-28 男孩女孩

图 8-29 “心”元件

(12) 在“人物”图层上方新建图层“心 1”，从库中将“心”元件拖入到该图层的舞台中，并调整该实例的大小和位置。

(13) 为该影片剪辑元件实例添加滤镜效果：选中“心 1”图层中的图形心，打开“属性”面板，为该实例添加滤镜效果，如图 8-30 所示。

(14) 此时舞台效果如图 8-31 所示。

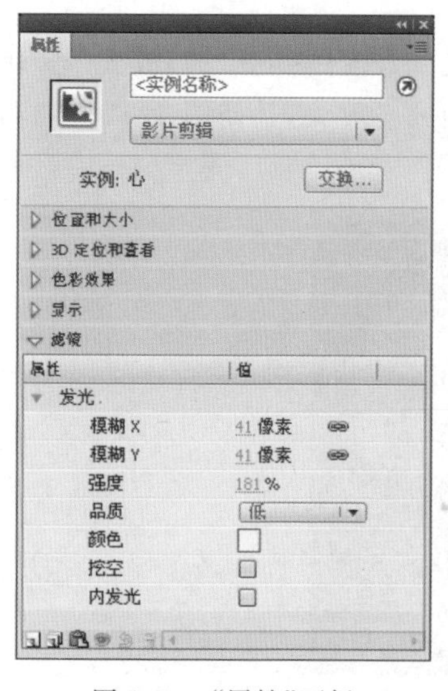

图 8-30 “属性”面板

图 8-31 “心 1”在舞台中的位置

(15) 在“心 1”图层上方新建图层“心 2”，从库中将“心”元件拖入到该图层的舞台中，并调整该实例的大小和位置。并用与第(13)步相同的方法为该实例添加滤镜效果，最终效果如图 8-32 所示。

(16) 选择“文件”|“导入”|“导入到库”菜单，将素材“心跳声. wav”导入到库中。

(17) 在“心 2”图层上方新建“心跳声音”图层，在该图层的第 37 帧处按 F5 键插入帧，选中该图层第 1～37 帧的任意一帧，打开“属性”面板，选择声音文件名称为“心跳声. wav”，同步类型为“数据流”，如图 8-33 所示。

图 8-32 “心 2”在舞台中的位置

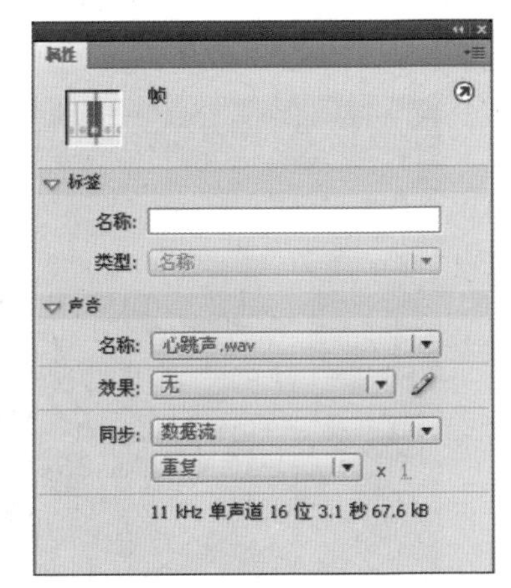

图 8-33 “属性”面板

> **知识链接：**
> 影片剪辑中时间轴的帧数由声音的长度和帧频(12fps)决定。

(18) 选中“心 1”图层，在第 12、13、24、25、37 帧处，按 F6 键插入关键帧，并分别右击第 1～12、第 13～24、第 25～37 帧内的任意一帧，在弹出的快捷菜单中选择“创建传统补间”命令，创建传统补间动画。

(19) 选中“心 1”图层第 12 帧处的心，利用任意变形工具，按住 Shift 键，放大“心”元件的实例，如图 8-34 所示。利用相同的方法将第 24、37 帧中的心放大，并使第 12、24、37 帧中的心的大小相同。

图 8-34 放大“心”元件实例

> **知识链接：**
> 之所以要做 3 个传统补间动画，是因为在“心跳声. wav”音效中，心跳动了三下。

(20) 选择“心 2”图层，按第(18)、(19)步操作，在“心 2”图层做传统补间动画。

(21) 选择“控制”|“测试影片”菜单就可以听到心脏跳动的声音的效果了，如图 8-21 所示。

(22) 选择“文件”|“保存”菜单，输入文件名并保存当前文件。此时的“时间轴”面板如图 8-35 所示。

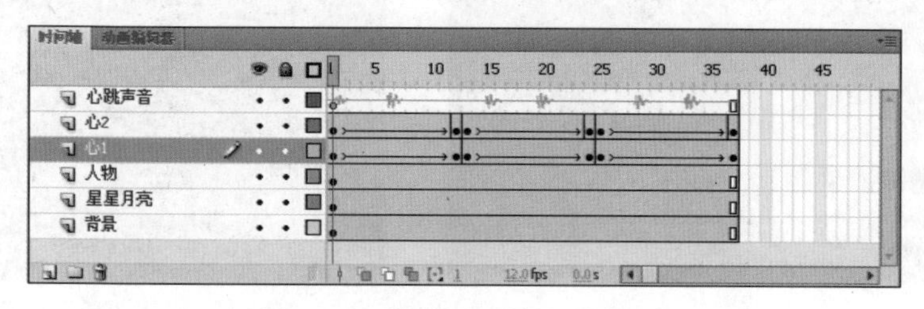

图 8-35　最终“时间轴”面板效果

案例 8-4　暴风雨之夜

1. 案例分析及效果

本案例制作在有暴风雨的夜晚，出现的雷声、暴雨声的效果，如图 8-36 所示。

图 8-36　暴风雨之夜

2. 制作思路

(1) 创建一个背景图层，导入图片，调整图片大小和位置。

(2) 制作“一片雨”影片剪辑元件。

(3) 制作“一片雨运动”影片剪辑元件。

(4) 制作“多片雨运动”影片剪辑元件。

(5) 新建一个“雨”图层，将“多片雨运动”元件导入舞台中。

(6) 新建一个“music”图层，将暴风雨声导入该图层。

3. 案例实现过程

(1) 新建一个大小为 550×340 像素，帧频为 12fps 的文档，背景色为黑色。

(2) 将“图层 1”改名为“背景”，选择“文件”|“导入”|“导入到舞台”菜单，将名为“夜晚.jpg”的素材导入到舞台当中，并修改图片的大小为 550×340 像素，位于舞台正中央，如图 8-37 所示。

(3) 在“背景”图层的第 30 帧处按 F5 键插入帧，锁定“背景”图层。

(4) 新建一个名为“一片雨”的影片剪辑元件，然后用直线工具画一组细线组成片状，效果如图 8-38 所示。

图 8-37 背景设置

图 8-38 “一片雨”元件

(5) 新建一个名为“一片雨运动”的影片剪辑元件，将“一片雨”元件拖入到“一片雨运动”元件的场景中，选择第 1 帧，将“一片雨”元件拖动到场景的右上角；然后在第 20 帧处插入关键帧，将“一片雨”元件拖动到场景中的左下角；在第 1～20 帧之间创建传统补间动画。

(6) 新建一个名为“多片雨运动”的影片剪辑元件。参考第 6 章中“雪花飞舞”的方法，创建 60 个图层，为每个图层拖入一个“一片雨运动”元件。需要注意的是每一图层中，插入空白关键帧的位置不要全部重复；每一图层中，雨片在舞台中的位置均不相同，并且尽量使雨片布满整个舞台。效果如图 8-39 所示。

图 8-39 “多片雨运动”元件

(7) 在“背景”图层上方创建“雨”图层，将库中的“多片雨运动”元件拖入该图层第 1 帧的舞台中，调整元件的位置，使其处于舞台上方，如图 8-40 所示。

(8) 在“背景”图层下方新建图层“music”。选择“文件”|“导入”|“导入到库”菜单，将“暴风雨.mp3”音乐文件导入库中。

(9) 选中“music”图层第 1～30 帧的任意一帧，打开“属性”面板，选择声音文件名称为“暴风雨.mp3”，同步类型为“事件”，如图 8-41 所示。

(10) 选择“控制”|“测试影片”菜单就可以看到暴风雨之夜下雨的效果了，如图 8-36 所示。

(11) 选择“文件”|“保存”菜单，输入文件名并保存当前文件。此时的“时间轴”面板如图 8-42 所示。

图 8-40 “多片雨运动”元件在舞台中的位置

图 8-41 “属性”面板

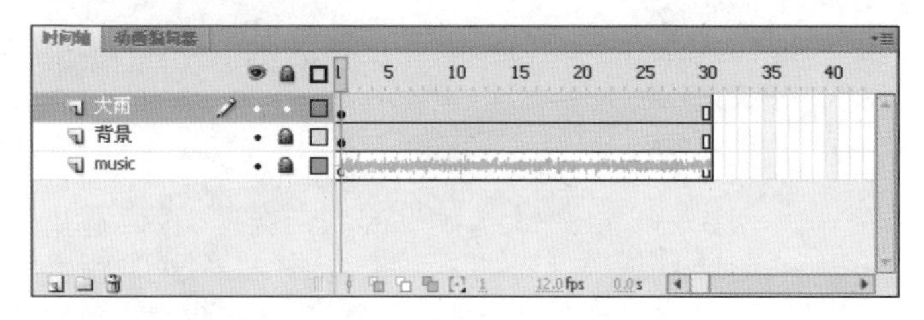

图 8-42 “时间轴”面板

案例 8-5 欢乐牧场

1. 案例分析及效果

本案例制作欢乐牧场的效果，用鼠标单击不同的动物，动物发出相应的叫声，效果如图 8-43 所示。

图 8-43 欢乐牧场

2. 制作思路

(1) 绘制牧场的背景和背景中的小草、石头元件。

(2) 绘制房子影片剪辑元件和各种动物影片剪辑元件。

(3) 导入各种动物的叫声素材。

(4) 建立各种动物的按钮形式的元件。

(5) 将各种动物按钮元件从库中拖入舞台中合适的位置。

3. 案例实现

(1) 新建一个大小为 800×600 像素，帧频为 12fps 的文档，背景色为白色。

(2) 新建“背景”图层，用线条工具绘制背景图形的轮廓，并用颜料桶工具填充颜色，效果如图 8-44 所示。选中该图层的所有内容，按 Ctrl+G 键组合背景图形。

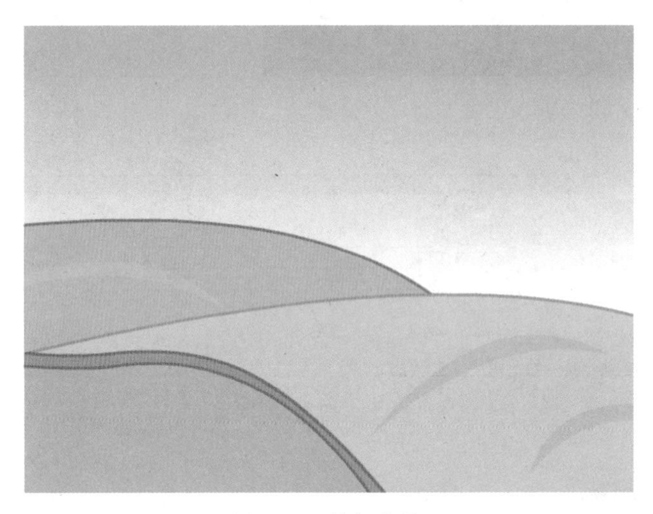

图 8-44 牧场背景

(3) 新建“小草”影片剪辑元件、“石头”影片剪辑元件、“云”影片剪辑元件，效果分别如图 8-45、图 8-46 和图 8-47 所示。

图 8-45 “小草”元件

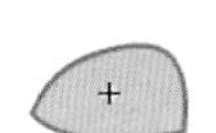

图 8-46 “石头”元件

图 8-47 “云”元件

(4) 选中“背景”图层，从库中多次拖曳“小草”、“石头”、“云”元件到舞台中，利用任意变形工具调整每次拖入得元件的大小，效果如图 8-48 所示。锁定“背景”图层。

(5) 制作“房子”影片剪辑元件。选择“插入”|“新建元件”菜单，新建“房子”影片剪辑元件，利用线条工具和选择工具绘制出房子的轮廓，用颜料桶工具填充颜色，最终效果如图 8-49 所示。

(6) 在“背景”图层上方新建“房子”图层，从库中将“房子”元件拖入到舞台中，并调整房子的位置和大小，调整后效果如图 8-50 所示。锁定“房子”图层。

(7) 绘制“牛”影片剪辑元件：利用笔触为 3 的线条工具绘制出牛的轮廓，并用颜料桶工具填充牛各个部分的颜色，最终效果如图 8-51 所示。

图 8-48　牧场背景最终效果

图 8-49　“房子”元件

图 8-50　添加房屋后的牧场背景

图 8-51　“牛”影片剪辑元件

(8) 利用相同的方法绘制出“羊”、“猪”、“狗”、“公鸡”、“母鸡”、“小鸡”影片剪辑元件，效果分别如图 8-52～图 8-57 所示。

图 8-52　“羊”元件

图 8-53　“猪”元件

图 8-54　“狗”元件

图 8-55　“公鸡”元件

图 8-56　“母鸡”元件

图 8-57　“小鸡”元件

(9) 在库中新建文件夹“动物_影片剪辑”，将“牛”、“羊”、“猪”、“狗”、“公鸡”、“母鸡”、“小鸡”拖入该文件夹中，此时“库”面板如图 8-58 所示。

(10) 选择“文件”|“导入”|“导入到库”菜单，将素材“牛叫声.wav”、“羊叫声.wav”、“狗叫声.wav”、“猪叫声.wav”、“公鸡叫声.wav”、“母鸡叫声.wav”导入到库中。

(11) 在库中新建“动物叫声”文件夹，将动物的叫声拖入到该文件夹中，此时“库”面板如图 8-59 所示。

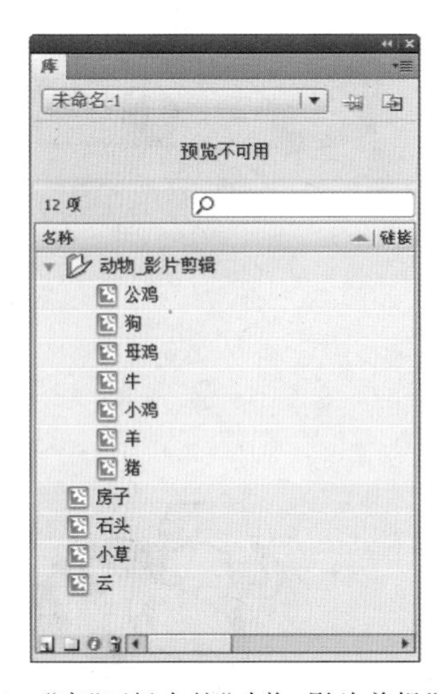

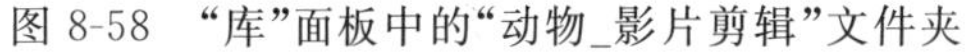

图 8-58 “库”面板中的“动物_影片剪辑”文件夹

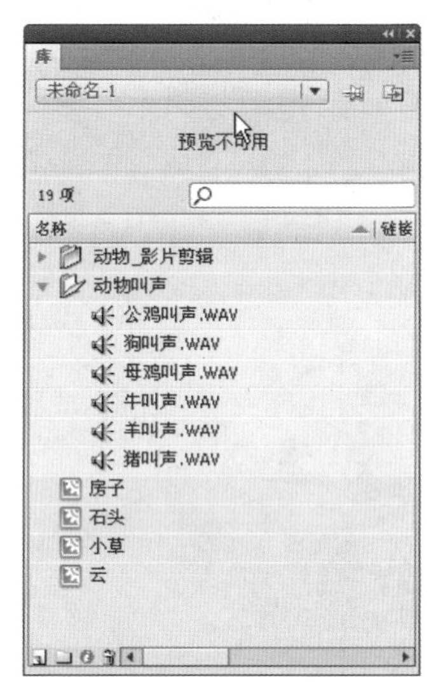

图 8-59 “库”面板中的“动物叫声”文件夹

(12) 制作按钮类型的各种动物元件。

① 新建“button_牛”按钮元件，在元件编辑状态中，将“图层 1”改名为“牛”。选中“牛”图层的“弹起”关键帧，将“牛”影片剪辑元件从库中拖入舞台中；分别在“指针经过”帧和“按下”帧插入关键帧。选中“指针经过”帧处的图形，按住 Shift 键，利用任意变形工具将其放大(按住 Shift 键是为了保持图形中心不动)。动物按钮的效果是鼠标放在按钮上面时，动物变大。“button_牛”按钮元件 3 个状态的效果如图 8-60 所示。

图 8-60 “button_牛”元件的三个状态图

② 保持“button_牛”按钮元件的编辑状态，在“牛”图层上方新建“music”图层，在“按下”处插入空白关键帧，选中“按下”关键帧，打开“属性”面板，选择声音文件名称为“牛叫声.wav”，同步类型为“事件”，如图 8-61 所示。

③ 利用相同的方法，制作“button_羊”、“button_猪”、“button_狗”、“button_公鸡”、“button_母鸡”按钮元件。

(13) 在库中新建文件夹“动物_按钮”，将“button_牛”、“button_羊”、“button_猪”、

"button_狗"、"button_公鸡"、"button_母鸡"拖入该文件夹中。

(14) 在"房子"图层上方新建"动物"图层,从库中将"button_牛"、"button_羊"、"button_猪"、"button_狗"、"button_公鸡"、"button_母鸡"按钮元件和"小鸡"影片剪辑元件拖入该图层的舞台中,并调整各元件的大小和位置。效果如图 8-62 所示。

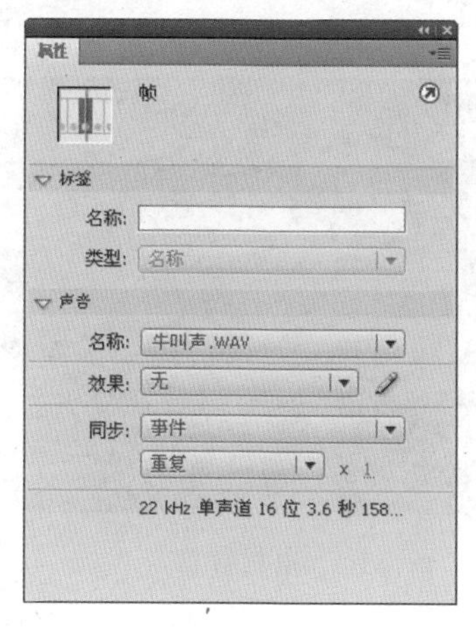

图 8-61 声音设置"属性"面板

图 8-62 动物在牧场中的位置图

(15) 选择"控制"|"测试影片"菜单就可以看到欢乐牧场的效果,单击动物,可以听到动物的叫声,如图 8-44 所示。

(16) 选择"文件"|"保存"菜单,输入文件名并保存当前文件。此时的"时间轴"面板如图 8-63 所示。

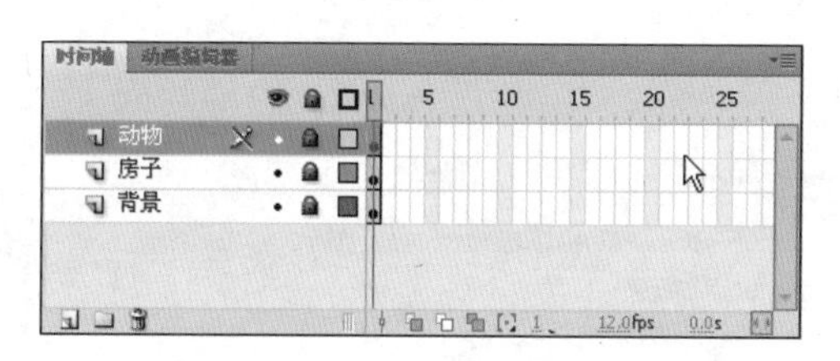

图 8-63 最终"时间轴"面板效果

案例 8-6 电视播放特效

1. 案例分析及效果

本案例实现电视播放效果,在电视机上有播放、暂停和停止 3 个按钮,如图 8-64 所示。对按钮添加代码后,通过按钮控制视频的播放、暂停和停止。

2. 制作思路

(1) 导入背景图片,作为电视界面。

(2) 将 flv 视频素材以影片剪辑元件的形式导入到库中。

(3) 编辑影片剪辑元件。

(4) 制作按钮元件。

(5) 通过对按钮添加代码控制视频的播放、暂停、停止。

3. 案例实现过程

(1) 新建一个大小为 680×440 像素,帧频为 25fps 的空白文档,背景设置为黑色。

(2) 将"图层 1"改名为"背景",选择选择"文件"|"导入"|"导入到舞台"菜单,选择"电视.jpg"图片文件,将其导入到舞台,修改图片的大小为 680×440 像素,并使图片居中放置,使其与舞台重合,如图 8-65 所示。

图 8-64　电视播放

图 8-65　电视背景

(3) 选择"文件"|"导入"|"导入视频"菜单,在弹出的"导入视频"|"选择视频"对话框中选择"movie.flv"文件,并勾选"在 SWF 中嵌入 FLV 并在'时间轴'面板中播放"选项,如图 8-66 所示。

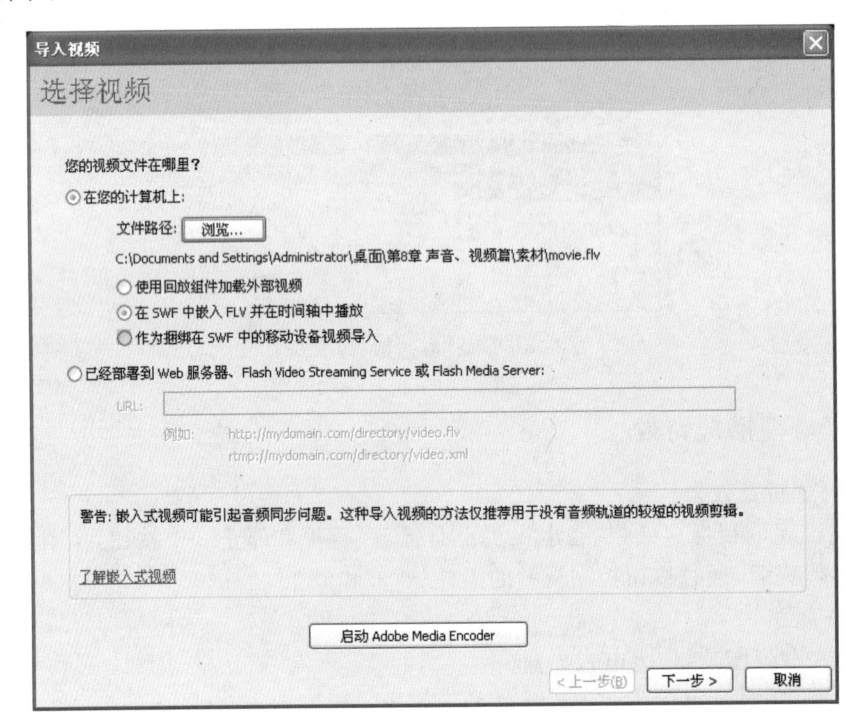

图 8-66　导入视频 1

(4) 单击"下一步"按钮,进入到"导入视频"对话框中,"符号类型"选择"影片剪辑",如图 8-67 所示。

（5）单击“下一步”按钮，则视频“movie.flv”将以影片剪辑元件的形式被导入到库中，库中将会自动生成一个名为“movie.flv Video”的影片剪辑元件，如图 8-68 所示。

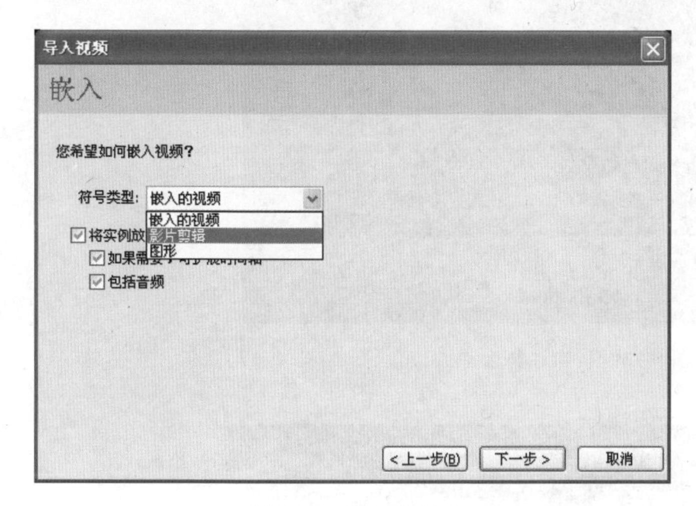

图 8-67　导入视频 2

图 8-68　“库”面板

（6）新建图形元件“按钮”，选择工具箱中的椭圆工具，按住 Shift 键绘制一个无边框、填充色为蓝色的圆形，如图 8-69 所示。

（7）新建按钮元件“播放”，进入按钮元件的编辑场景，将“按钮”图形元件拖入舞台，在按钮的“指针经过”和“按下”状态插入关键帧，并将这两个状态中的“按钮”图形元件的 Alpha 设置为 30%，如图 8-70 所示。将“弹起”状态的 Alpha 值设置为 0。

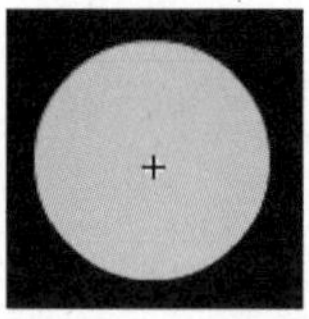

图 8-69　“按钮”图形元件

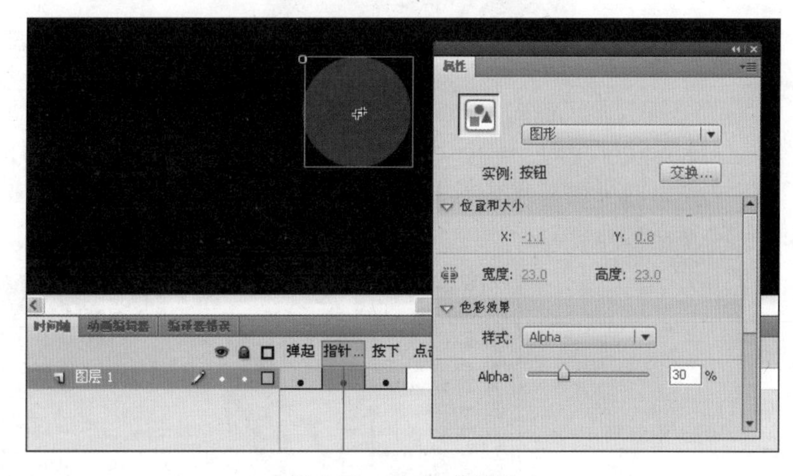

图 8-70　Alpha 值设置

（8）使用同样的方法创建按钮元件“暂停”和“停止”。

（9）在“背景”图层上新建“按钮”图层，将“播放”、“暂停”和“停止”3 个按钮拖入舞台，并调整大小和位置，使其与舞台中背景图片中的 3 个按钮重合。效果如图 8-71 所示。

（10）在“属性”面板中，设置“播放”、“暂停”和“停止”3 个按钮的实例名称为 play_btn、pause_btn、stop_btn，如图 8-72 所示。

图 8-71　按钮在舞台中的位置

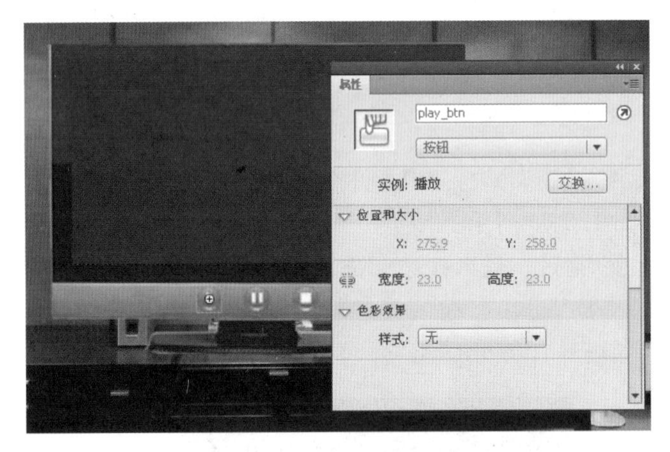

图 8-72　按钮元件实例名设置

(11) 双击库中的 movie. flv Video 影片剪辑元件，进入该元件的编辑场景中，右击第 1 帧，在弹出的快捷菜单中选择“动作”菜单，打开“动作”面板，在“动作”面板中输入如图 8-73 所示的命令。

图 8-73　编写代码

> **知识链接：**
>
> 对帧添加脚本命令“stop();”是为了使动画停止在该帧。在此例中，添加该语句是为了使动画播放时，影片停止在第 1 个画面，点击播放按钮时，影片才开始播放。

(12) 在“按钮”图层上新建“视频”图层，将 movie.flv Video 影片剪辑元件拖入该图层的舞台中，并调整元件的位置，使其与背景中改的电视机屏幕重合，如图 8-74 所示。

图 8-74　影片剪辑元件在舞台中的位置

(13) 在“视频”图层上新建“actions”图层，选中该图层的第 1 帧，按 F9 键快捷键打开“动作”面板，在“动作”面板中输入如图 8-75 所示的代码。

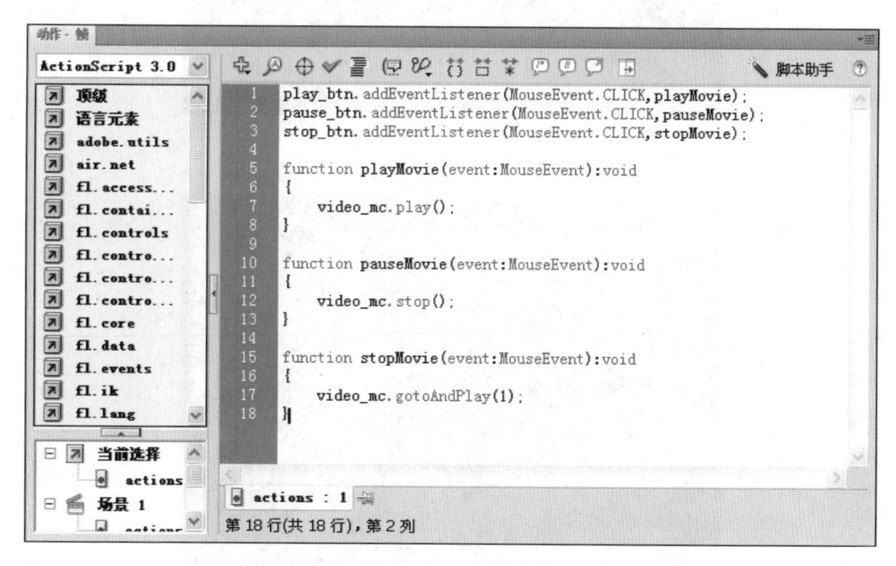

图 8-75　编写代码

(14) 选择“控制”|“测试影片”菜单就可以看到电视播放的效果了，如图 8-64 所示。

(15) 选择“文件”|“保存”菜单，输入文件名并保存当前文件。此时的“时间轴”面板如图 8-76 所示。

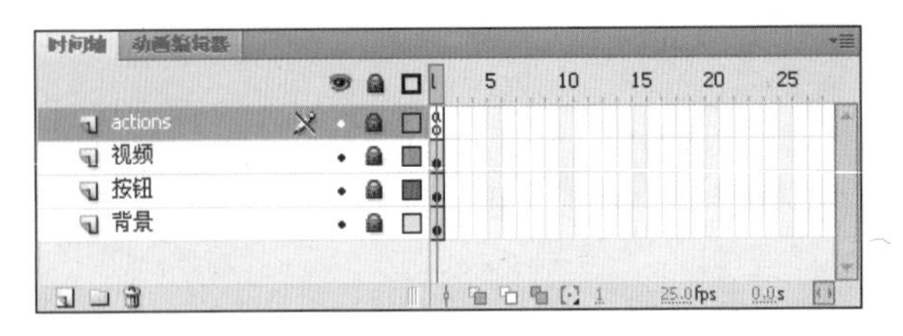

图 8-76 “时间轴”面板

8.2 实战演习

实战 8-1 唐诗欣赏

1. 效果

唐诗欣赏效果如图 8-77 所示。

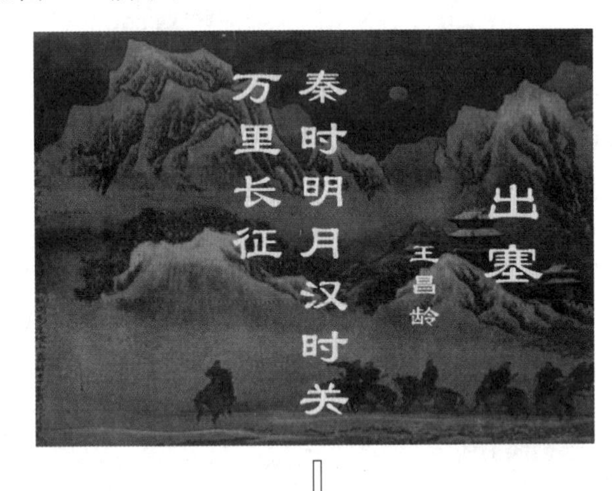

图 8-77 唐诗欣赏

2. 制作提示

(1) 从外部导入需要的背景素材和音乐素材文件。

(2) 古诗诗句一字一字出现,用遮罩动画实现。

(3) 诗歌朗诵时,为了保持诗歌的出现和朗诵同步,音乐同步效果选择"数据流"。

实战 8-2　琴声悠扬

1. 效果

琴声悠扬效果如图 8-78 所示。

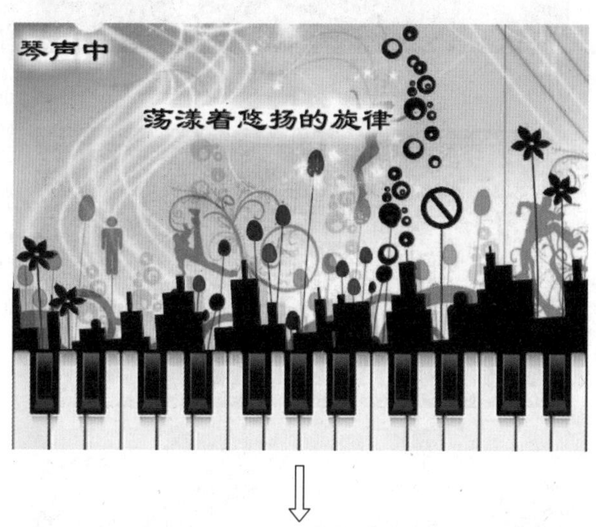

图 8-78　琴声悠扬

2. 制作提示

(1) 从外部导入音频文件和背景图形文件。

(2) 制作 16 个与琴键形状、大小相符对应的按钮元件。

(3) 将音频文件添加到按钮元件的"按下"帧中,音频格式为数据流。

实战 8-3　电视播放器

1. 效果

电视播放器效果如图 8-79 所示。

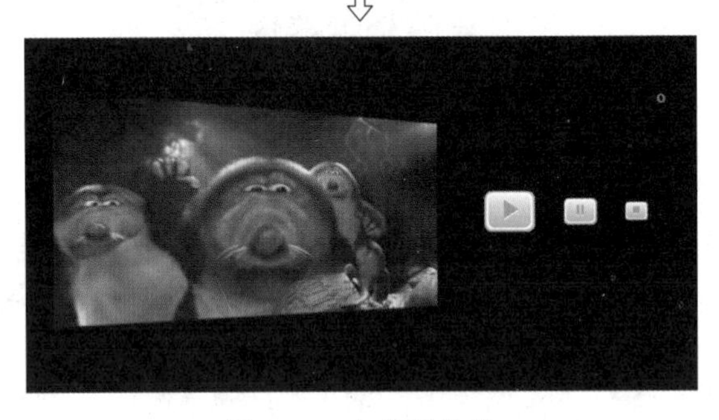

图 8-79　电视播放器

2. 制作提示

(1) 从外部以影片剪辑的形式导入视频素材。

(2) 使用 3D 旋转工具将影片剪辑旋转到一定角度。

(3) 从 Flash 公共库中选择播放、暂停和停止按钮。

(4) 编写程序来控制视频的播放效果。